I0479266

ASTRONOPHISCHE SAMMLUNG

DIE STERNE DES UNIVERSUMS

Band 1

JOSÉ RUIZ WATZECK

ZUSAMMENFASSUNG

ZUSAMMENFASSUNG

Die Sterne sind eine der faszinierendsten Wesenheiten im Universum und seit der Antike Gegenstand von Studien und Wundern. Mit dem Aufkommen moderner Technologie konnten wir die Natur dieser kosmischen Einheiten, die die Bausteine des Universums sind, besser entdecken und verstehen.

In diesem Buch werden wir die größten bekannten Sterne des Universums erforschen, die unvorstellbare Dimensionen haben und unser Verständnis der Sternphysik herausfordern. Diese Sterne, die sich in Größe, Helligkeit und Alter unterscheiden, bieten einzigartige Einblicke in die Entwicklung und Dynamik des Universums.

Die Entstehung eines Riesensterns beginnt mit dem Gravitationskollaps einer Molekülwolke aus Gas und Staub. Wenn sich die Wolke zusammenzieht, steigen die Temperatur und die Dichte in ihrem Kern, bis eine nukleare Zündung eintritt, wodurch die Fusion von Wasserstoff zu Helium eingeleitet wird. Die dabei freigesetzte Energie erhält den Stern, der in ein hydrostatisches Gleichgewicht zwischen Schwerkraft und Strahlungsdruck gerät. Die größten Sterne des Universums folgen jedoch einem anderen Evolutionspfad. Da sie eine viel größere Masse als die Sonne haben, verbrennen sie ihren Kernbrennstoff viel schneller. Infolgedessen ist ihre Lebensdauer erheblich kürzer und ihr endgültiges Schicksal ist sehr unterschiedlich.

Als sich der Stern dem Ende seines Lebens nähert, durchläuft er eine Reihe von thermonuklearen Explosionen, die in einer Supernova gipfeln. Dies setzt unglaublich viel Energie frei und kann zur Entstehung kompakter stellarer Objekte wie Schwarzer Löcher oder Neutronensterne führen.

Die innere Struktur eines Riesensterns wird durch seine Masse, Temperatur und sein Alter beeinflusst. Wenn der Stern altert, dehnt er sich aus und kühlt ab, was zu einer immer dünneren Atmosphäre und einem immer dichteren Kern führt.

Riesensterne sind für ihre hohe Leuchtkraft bekannt, die ein Maß für die Menge an Energie ist, die sie aussenden. Dies liegt daran, dass diese Sterne in ihrem Kern eine sehr hohe Kernfusionsrate aufweisen, die zur Freisetzung enormer Energiemengen in Form elektromagnetischer Strahlung führt. Einige dieser Sterne können mehr als das Millionenfache der Leuchtkraft der Sonne ausstrahlen.

Riesensterne haben erhebliche Auswirkungen auf die Entwicklung des Universums, sie sind verantwortlich für die Produktion schwerer Elemente wie Eisen, die für die Entstehung und das Leben von Planeten unerlässlich sind. Außerdem kann eine Supernova-Explosion zur Bildung neuer Sterne und Planetensysteme führen.

Riesensterne können jedoch auch eine Gefahr für das Leben im Universum darstellen, eine Supernova-Explosion kann äußerst zerstörerisch sein und alles Leben in einem nahe gelegenen Sternensystem auslöschen.

Astronomische Messungen werden verwendet, um Himmelsobjekte zu untersuchen und das Universum zu verstehen. Diese Messungen werden mit speziellen Einheiten durchgeführt, um Entfernungen, Größen, Massen und andere Eigenschaften von Himmelskörpern zu quantifizieren.

Einige der gebräuchlicheren Einheiten in der Astronomie sind: Astronomische Einheit (AU): Wird verwendet, um Entfernungen innerhalb des Sonnensystems zu messen, die der durchschnittlichen Entfernung zwischen Erde und Sonne entsprechen, etwa 150 Millionen Kilometer.

Lichtjahr (AL): Wird verwendet, um Entfernungen außerhalb des Sonnensystems zu messen, die der Entfernung entsprechen, die das Licht in einem Jahr zurücklegt, was 9,5 Billionen Kilometern entspricht.

Parsec (pc) – Eine andere Einheit zur Entfernungsmessung außerhalb des Sonnensystems, die der Entfernung entspricht, in der ein Stern eine Parallaxe von einer Bogensekunde hätte, was 3,2 AL (Lichtjahr) entspricht. Wir können die Messung von Megaparsec und Gigaparsec auch auf größere Entfernungen anwenden, jedoch ein Thema für ein zukünftiges Buch.

Scheinbare Helligkeit – Wird verwendet, um die Helligkeit von Himmelsobjekten zu messen, wobei kleinere Zahlen eine größere Helligkeit anzeigen.
Absolute Magnitude: Wird verwendet, um die intrinsische Leuchtkraft eines Himmelsobjekts zu messen, wobei seine scheinbare Helligkeit basierend auf seiner Entfernung angepasst wird.

Radian (rad): Wird verwendet, um Winkel am Himmel zu messen, die dem zentralen Winkel entsprechen, der von einem Bogen mit einer Länge gleich dem Radius des Umfangs begrenzt wird.
Diese astronomischen Messungen sind für die Erforschung und das Verständnis des Universums unerlässlich und werden in mehreren Bereichen der Astronomie wie Astrophysik, Astrobiologie und Kosmologie verwendet.

Zusammenfassend lässt sich sagen, dass die Sterne wahre kosmische Kolosse sind, die unser Verständnis des Universums herausfordern. Seine Größe, Helligkeit und Entwicklung stellen eine Reihe einzigartiger Herausforderungen für die Sternphysik und unser Verständnis der Dynamik des Universums dar. Darüber hinaus haben diese Sterne erhebliche Auswirkungen auf die Entwicklung des Universums und könnten eine entscheidende Rolle bei der Entstehung von Planeten und Leben spielen. Dieses

Buch bietet einen detaillierten und zugänglichen Einblick in diese außergewöhnlichen Himmelsphänomene und ihre Bedeutung für unser Verständnis des Universums.

SONNE

Im Verhältnis zu allen Körpern in unserem Sonnensystem wie Kometen, Sternenstaub, Asteroiden, Planeten, natürlichen Satelliten usw. umkreisen sie diesen Stern. Als gelber Zwerg klassifiziert,verantwortlich für 99,86% derPastades Sonnensystems hat die Sonne eine 332.900-fache Masse der Erde.Land, es ist deinsVolumenSie ist 1,3 Millionen Mal größer als die unseres Planeten. Die Entfernung von der Erde zur Sonne beträgt etwa 150 MillionenKilometeroder 1astronomische Einheit(AU). Diese Entfernung variiert im Laufe des Jahres, von mindestens 147,1 Millionen Kilometern (0,9833 AE) am Perihel[1], bis maximal 152,1 Millionen Kilometer (1,017 AU), inAphel[2](was rund um den Tag passiert4. Juli).

Licht von der Sonne braucht etwa 500 Sekunden oder 8 Minuten und 34 Sekunden, um die Erde zu erreichen, seine Hauptzusammensetzung beträgt 74% seiner Masse oder 91% seines Volumens, es besteht aus Wasserstoff, 24% seiner Masse oder 7% seiner Masse Volumen besteht aus Helium und den anderen Elementen, die etwa 2% seines Volumens ausmachen, besteht aus; Kalzium, Chrom, Schwefel, Eisen, Neon, Nickel, Sauerstoff und Silizium. Seine Spektralklasse ist als G2V bekannt,Seine Temperatur variiert je nach Schicht seiner Struktur. Der Kern, der dem zentralen Teil der Solarstruktur entspricht, ist auch seine heißeste Region. Darin findet der Prozess der Fusion von Wasserstoffatomen statt, was zur Bildung von Helium führt. Die Kernfusion ist für die Erzeugung von Wärme verantwortlich, die sich auf andere Schichten ausbreitet. Damit erreicht die Kerntemperatur der Sonne 15,7 Millionen Grad Celsius. An der Sonnenoberfläche, die als Photosphäre bezeichnet wird, ist die Temperatur viel niedriger als im Kern und erreicht 5.500 °C. Die Konvektionszone, die aus einer Zwischenschicht besteht, hat Temperaturen von bis zu zwei Millionen Grad Celsius oder5780 Grad Kelvin[3]oder 5.780 K, wo seine ursprüngliche Farbe weiß ist, obwohl er hier auf der Erde in gelb, orange und manchmal rötlich zu sehen ist, wenn er sich am Horizont befindet.Die Entstehung der Sonne ist mit dem Gravitationskollaps des Sonnennebels verbunden, einer aus Staub und Gasen gebildeten Wolke, dieser Prozess begann vor etwa 4.500 Millionen Jahren, was dem Alter der Sonne entspricht.

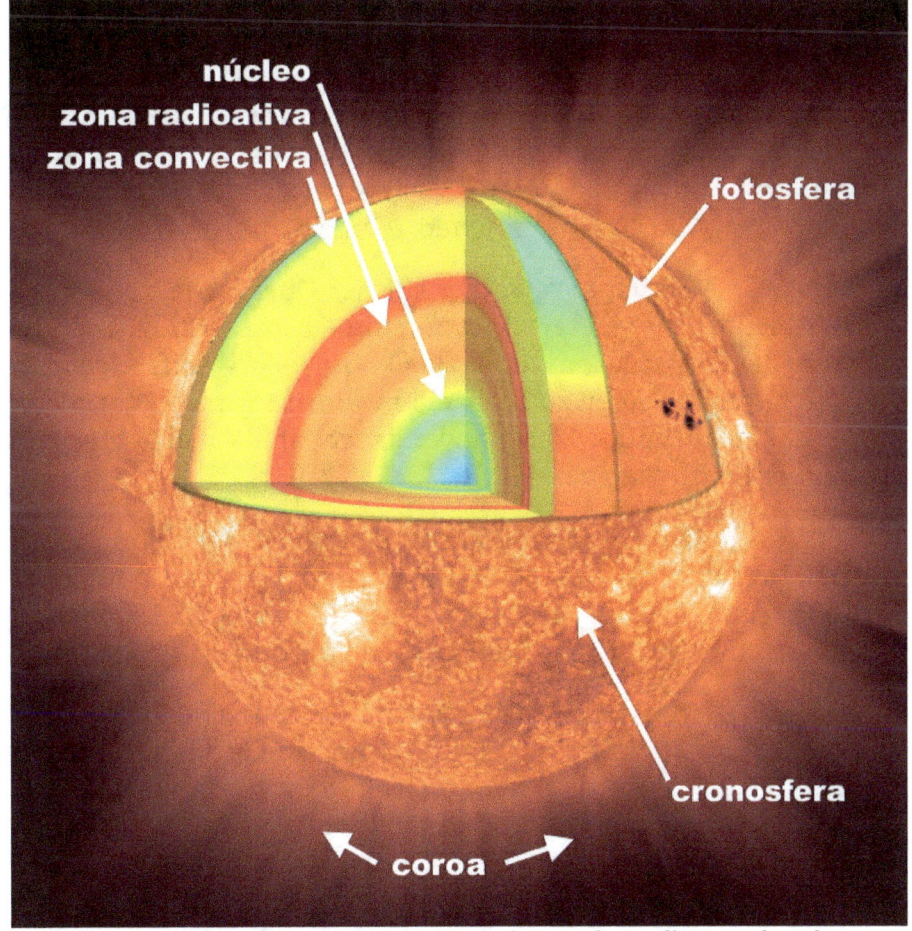

Diagramm, das jede der sechs Schichten zeigt, aus denen die Sonne besteht.

- **Center:** Sie entspricht der innersten Schicht der Sonne. Er ist etwa tausendmal so groß wie die Erde und auch dichter als unser Planet. Wie wir bereits gesehen haben, finden im Kern der Sonne die Kernreaktionen statt, die für die Produktion von Heliumatomen verantwortlich sind. Als Ergebnis dieses Prozesses findet die Emission von Licht und die Erzeugung von Wärme statt.

- **Strahlungszone:** es ist eine ausgedehnte Schicht, die den Kern umgibt und fast dem halben Radius der Sonne entspricht. Die im Solarkern erzeugte Energie wird durch diesen Bereich abgestrahlt, wo die Temperatur im Vergleich zur ersten Schicht deutlich abfällt.

- **Konvektionszone:** Sie wird auch als Konvektionszone bezeichnet und entspricht der Schicht, die sich über der Strahlungszone befindet. Darin wird Energie mittels Konvektionsströmen übertragen, die durch die Bewegung von Gasen bei hohen Temperaturen entstehen.

- **Photosphäre:** entspricht der Oberfläche der Sonne. Mit Hilfe geeigneter Instrumente ist es möglich, die von der Konvektionszone zur Photosphäre aufsteigenden thermischen Säulen zu beobachten, die in Form von Körnchen erscheinen. Dunkle Flecken werden ebenfalls beobachtet und als Sonnenflecken bezeichnet.

- **Atmosphäre:** bildet die Sonnenatmosphäre, direkt über der Photosphäre. Es hat eine rosa Farbe und niedrigere Temperaturen um 4.700 °C. Aus dieser Schicht werden Gasstrahlen in Richtung der Korona emittiert.

- **Krone:** äußerste Schicht der Sonnenatmosphäre. Die Korona ist viel heißer als die darunter liegenden Schichten und erreicht in den am weitesten von der Oberfläche entfernten Bereichen 2 Millionen Grad Celsius. Es besteht aus einer sehr ausgedehnten Region, Millionen von Kilometern lang, die aus sich bewegenden Gasen besteht. Seine Geschwindigkeit ist variabel und kann 400 km/s erreichen. Hier bildet sich der Sonnenwind.

Auf der Sonne gibt es keine feste Oberfläche, und aus diesem Grund ist es schwierig zu bestimmen, wie viele Tage es dauert, um eine Umdrehung zu vollenden. Es wird geschätzt, dass diese Bewegung an ihrer Äquatorlinie 25 Erdentage dauert und an den Polen länger dauert, nämlich 36 Erdentage.

Der Lebenszyklus der Sonne

stellare Entwicklungwird auf zwei Arten gemessen: durch das aktuelle Alter vonReihenfolge, die bestimmt wird durchComputermodellierungder Sternentwicklung; IstNukleokosmochronologie[4]. Das mit diesen Verfahren gemessene Alter stimmt mit dem übereinradiometrisches Alter[5] des ältesten im Sonnensystem gefundenen Materials, das 4.567 Millionen Jahre alt ist.

Die Sonne befindet sich etwa in der Mitte der Hauptsequenz, der Periode, in der Kernfusion Wasserstoff zu Helium verschmilzt. Jede Sekunde werden im Sonnenzentrum mehr als 4 Millionen Tonnen Materie in Energie umgewandelt, wodurch Neutrinos und Sonnenstrahlung entstehen. Bei dieser Geschwindigkeit hat die Sonne von ihrer Entstehung bis heute etwa 100 Erdmassen in Energie umgewandelt. Die Sonne wird etwa 10 Milliarden (10 Milliarden) Jahre auf der Hauptreihe bleiben.In etwa 5 Milliarden Jahren wird der Wasserstoff im Sonnenkern aufgebraucht sein. Wenn dies geschieht, zieht sich die Sonne unter ihrer eigenen Schwerkraft zusammen und erhöht die Temperatur des Sonnenkerns auf 100 Millionen Kelvin, genug, um die zu initiierenHelium Kernfusion, produzierenKohle, Eintritt in die Phase vonAsymptotischer Riesenast.

11

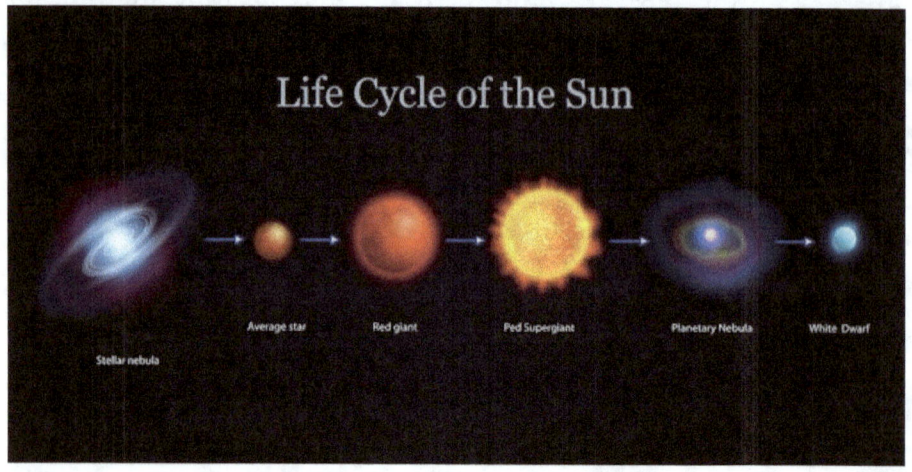

solare Energieerzeugung

Die Wasserstofffusion tritt hauptsächlich in einer Kette von Reaktionen auf, die als bezeichnet werdenProton-Proton-Kette:

$$4\ {}^1H \rightarrow 2\ {}^2H + 2\ \text{Jahre}^+ + 2v_{Ist}(4{,}0\ \text{MeV} + 1{,}0\ \text{MeV})$$

$$2\ {}^1H + 2\ {}^2H \rightarrow 2\ {}^3He + 2\gamma\ (5{,}5\ \text{MeV})$$

$$\text{zwei}\ {}^3\text{das} \rightarrow {}^4He + 2\ {}^1H\ (12{,}9\ \text{MeV})$$

Diese Reaktionen lassen sich nach folgender Formel zusammenfassen:

$$4\ {}^1H \rightarrow {}^4\text{die} + 2\ \text{und}^+ + 2v_{Ist} + 2\ \gamma\ (26{,}7\ \text{MeV})$$

Die Sonne hat etwa 8,9 x 1056 Wasserstoffkerne (freie Protonen), und die Proton-Proton-Kette tritt 9,2 x 1037 Mal pro Sekunde im Sonnenkern auf. Da bei dieser Reaktion vier Protonen verwendet werden, werden jede Sekunde etwa 3,7 x 1038 Protonen (oder 6,2 x 1011 kg) in Heliumkerne umgewandelt.[Diese Reaktion wandelt 0,7 % der Schmelze in Energie um, und als Ergebnis werden etwa 4,26 Millionen Tonnen pro Sekunde in 383 Yotta-Watt (3,83 x 1026 W) oder 9,15 x 1010 Megatonnen umgewandeltTNTEnergie pro Sekunde gemäß der Masse-Energie-GleichungE=mc²InAlbert Einstein.

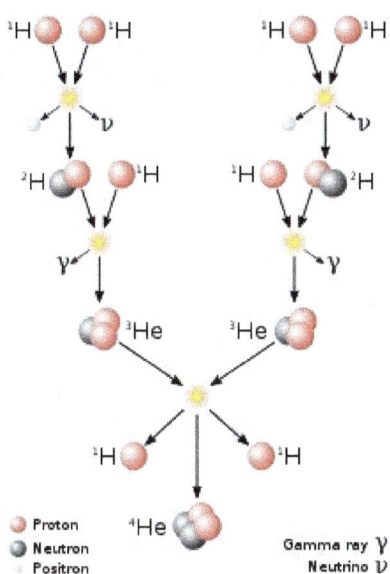

Diagramm vonProton-Proton-Kette, der Zyklus vonKernfusionerzeugt
den größten Teil der Sonnenenergie

Die Leistungsdichte beträgt etwa 194 µW/kg Materie, und obwohl die Fusion im relativ kleinen Sonnenkern stattfindet, ist die Plasmaleistungsdichte in diesem Bereich 150-mal höher. Zum Vergleich: Die vom menschlichen Körper erzeugte Wärme beträgt 1,3 W/kg, etwa das 600-fache der Sonnenwärme pro Masseneinheit.

Selbst wenn nur der Sonnenkern berücksichtigt wird, dessen Dichte 150-mal höher ist als die durchschnittliche Dichte des Sterns, produziert die Sonne mit einer Rate von 0,272 W/m³ relativ wenig Energie. Überraschenderweise ist diese Leistung viel geringer als die einer brennenden Kerze. Die Verwendung von Plasma auf der Erde mit ähnlichen Parametern wie im Sonnenkern ist unmöglich, selbst eine bescheidene 1-GW-Anlage würde etwa 5 Milliarden (5 Milliarden) Tonnen Plasma benötigen. Die Rate der Kernfusion hängt stark von der Dichte und Temperatur des Kerns ab: Eine etwas höhere Fusionsrate führt zu einer Erwärmung des Kerns, wodurch sich die äußeren

Schichten der Sonne ausdehnen und folglich der von den äußeren Schichten ausgeübte Gravitationsdruck verringert wird. . und die Fusionsrate. Wenn die Schmelzrate abnimmt, ziehen sich die äußeren Schichten zusammen und erhöhen ihren Druck gegen den Solarkern, was wiederum die Schmelzrate erhöht und bewirkt, dass sich der Zyklus wiederholt.

Die durch die Kernfusion erzeugten hochenergetischen Photonen (Gammastrahlen) werden von den im Sonnenplasma vorhandenen Kernen absorbiert und in zufälliger Richtung, diesmal mit etwas geringerer Energie, wieder emittiert. Sie werden dann wieder absorbiert und der Zyklus wiederholt sich. Infolgedessen braucht die durch Kernfusion im Sonnenkern erzeugte Strahlung lange, um die Oberfläche zu erreichen. Schätzungen der Reisezeit reichen von 10 bis 170.000 Jahren.

Nach dem Durchgang durch die Konvektionsschicht zur „transparenten" Oberfläche der Photosphäre treten die Photonen als sichtbares Licht aus. Jeder Gammastrahl aus dem Sonnenkern wird in mehrere Millionen sichtbare Photonen umgewandelt, bevor er in den Weltraum entweicht. Neutrinos werden ebenfalls durch Kernfusion im Kern erzeugt, aber im Gegensatz zu Photonen interagieren sie selten mit Materie. Die meisten der produzierten Neutrinos verlassen die Sonne sofort. Mehrere Jahre lang waren die Messungen der Anzahl der von der Sonne produzierten Neutrinos dreimal niedriger als vorhergesagt. Dieses Problem wurde kürzlich mit der Entdeckung von Neutrinooszillationseffekten gelöst.

ALPHA-ZENTAUR

Der Stern Alpha Centauri ist ein Dreifachsternsystem, das sich etwa 4,37 Lichtjahre von der Erde entfernt im Sternbild Centaurus befindet. Er ist der Stern, der unserem Sonnensystem am nächsten liegt, und kann mit bloßem Auge auf der Südhalbkugel gesehen werden.

Das System besteht aus drei Sternen: Alpha Centauri A, Alpha Centauri B und Proxima Centauri. Alpha Centauri A und B umkreisen sich gegenseitig und bilden ein binäres System, während Proxima Centauri weiter entfernt ist und das zentrale Paar umkreist.
Alpha Centauri A ist der hellste Stern im System, mit einer Masse, die etwas größer ist als die der Sonne, während Alpha Centauri B etwas kleiner und kühler ist. Proxima Centauri ist ein roter Zwergstern, ungefähr ein Achtel der Masse der Sonne.

Es besteht großes Interesse an Alpha Centauri als potenziellem Ziel für die Weltraumforschung und die Suche nach außerirdischem Leben, da es der Stern ist, der unserem Sonnensystem am nächsten ist. Mehrere Missionen und Initiativen sind geplant, um dieses Sternensystem genauer zu untersuchen.

Jeder dieser Sterne hat seine eigenen unterschiedlichen physikalischen und chemischen Eigenschaften.

Alpha Centauri A ist ein gelb-weißer Stern mit einer Masse von etwa dem 1,1-fachen der Sonne, einem Radius von etwa dem 1,22-fachen des Sonnenradius und einer Temperatur von etwa 5800 Kelvin. Seine Leuchtkraft beträgt etwa das 1,5-fache der Sonne.

Alpha Centauri B ist ein gelb-orangefarbener Stern mit einer Masse von etwa dem 0,9-fachen der Sonne, einem Radius von etwa dem 0,86-fachen des Sonnenradius und einer Temperatur von etwa 5.300 Kelvin. Seine Leuchtkraft beträgt etwa das 0,5-fache der Sonne.

Proxima Centauri ist ein roter Zwergstern mit einer Masse von etwa dem 0,12-fachen der Sonne, einem Radius von etwa dem 0,14-fachen Sonnenradius und einer Temperatur von etwa 3000 Kelvin. Seine Leuchtkraft beträgt etwa das 0,0015-fache der Sonne.

Was die chemische Zusammensetzung betrifft, bestehen die drei Sterne hauptsächlich aus Wasserstoff und Helium, mit Spuren anderer Elemente wie Kohlenstoff, Sauerstoff, Stickstoff, Eisen und anderen Metallen. Die Analyse des von Sternen emittierten Lichts ermöglicht es Wissenschaftlern, die chemische Zusammensetzung und andere physikalische Eigenschaften dieser Himmelsobjekte zu bestimmen.

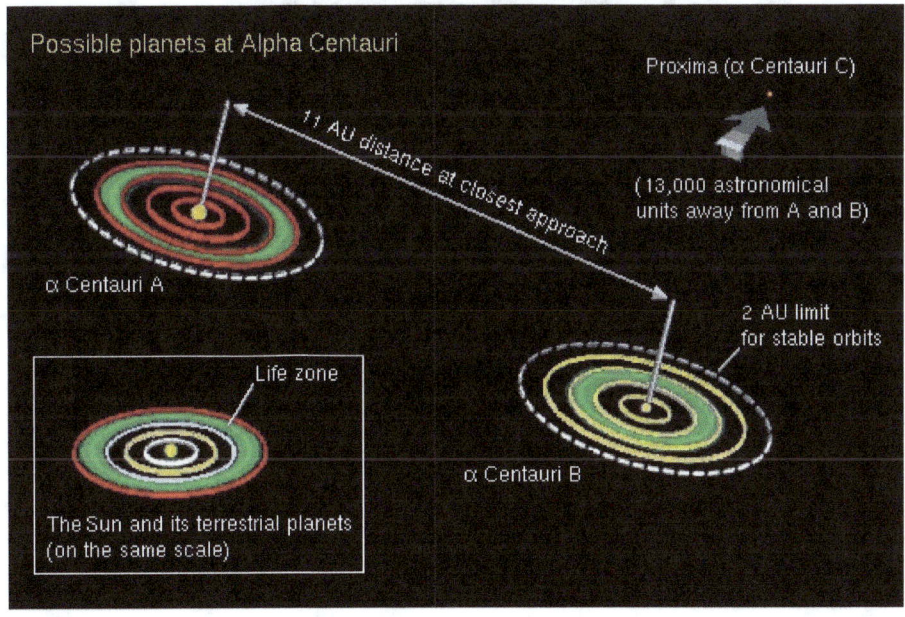

Der Abstand zwischen Alpha Centauri A und Alpha Centauri B variiert mit der Zeit aufgrund ihrer elliptischen Umlaufbahn um ihren gemeinsamen Massenschwerpunkt. Diese Entfernung reicht von etwa 11 astronomischen Einheiten (AE) am Periastrum (dem nächstgelegenen Punkt der Umlaufbahn) bis etwa 35 AE am Apoastrum (dem entferntesten Punkt der Umlaufbahn). Im Durchschnitt beträgt der Abstand zwischen den beiden Sternen etwa 23,7 AE.

Die Entfernung zwischen Alpha Centauri A und Proxima Centauri beträgt etwa 13.000 AE oder etwa 4,24 Lichtjahre. Die Entfernung zwischen Alpha Centauri B und Proxima Centauri beträgt etwa 12.900 AE oder etwa 4,22 Lichtjahre.

Zusammenfassend lässt sich sagen, dass die Sterne des Alpha Centauri-Systems im Vergleich zu anderen Sternen im Universum relativ nahe beieinander liegen, aber sie sind immer noch zu weit entfernt, um sie mit aktuellen Technologien zu erreichen.

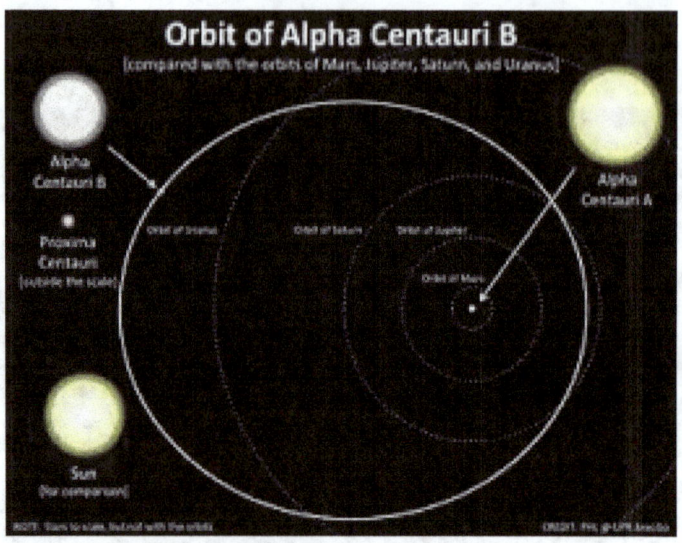

Bisher wurden einige Planeten entdeckt, die Sterne im Alpha-Centauri-System umkreisen, aber keiner von ihnen umkreist direkt Alpha-Centauri-A- oder -B-Sterne, die ein Binärsystem bilden.

Der erste Planet, der im Alpha Centauri-System entdeckt wurde, war Proxima b im Jahr 2016, der den Stern Proxima Centauri in einer sehr engen Umlaufbahn mit einer Umlaufzeit von etwa 11,2 Tagen umkreist. Proxima b ist ein Gesteinsplanet mit erdähnlicher Masse, der in einer bewohnbaren Zone umkreist, was bedeutet, dass sich auf seiner Oberfläche flüssiges Wasser befinden könnte. Es bleibt jedoch abzuwarten, ob der Planet eine Atmosphäre hat, die geeignet ist, Leben zu unterstützen.

Im Jahr 2017 wurde ein weiterer Planet entdeckt, der den Stern Alpha Centauri B umkreist, aber seine Existenz muss noch von anderen Observatorien bestätigt werden, und es sind weitere Untersuchungen erforderlich, um seine Anwesenheit zu bestätigen.

Zusätzlich zu diesen beiden Planeten laufen mehrere Initiativen zur Suche nach weiteren Planeten im Alpha-Centauri-System, darunter das Projekt „Breakthrough Starshot", das vorschlägt, eine Flotte ultraschneller Raumsonden zu entsenden, um das System aus nächster Nähe zu untersuchen. Mit diesen Bemühungen könnten in Zukunft weitere Planeten im Alpha-Centauri-System entdeckt werden.

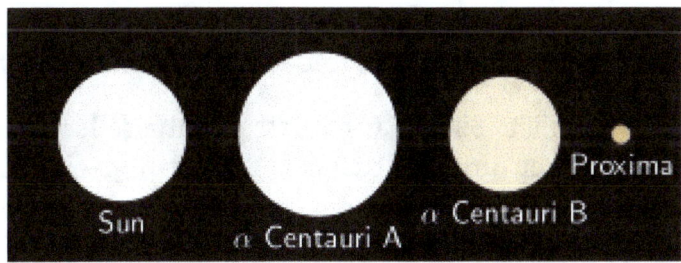

Die Größe und Farbe der Komponenten von Alpha Centauri scheinen im Vergleich zur Sonne maßstabsgetreu zu sein.

SIRIUS

S irius ist ein Doppelstern im Sternbild Großer Hund. Mit einer scheinbaren Helligkeit von -1,46 ist er der hellste Stern am Nachthimmel. Der als Sirius A bekannte Hauptstern ist ein Hauptreihenstern des Spektraltyps A1V, während der als Sirius B bekannte Begleiter ein extrem dichter Weißer Zwerg ist. Die Entfernung von Sirius von der Erde beträgt etwa 8,6 Lichtjahre, was ihn zu einem der nächsten Sterne zu uns macht. In Kilometern ausgedrückt entspricht diese Entfernung etwa 8,1 Billionen km (8,1 x 10^{12} km).

Diese Entfernung ist in astronomischer Hinsicht relativ gering, was Sirius zu einem der Sterne macht, die unserem Sonnensystem am nächsten sind. Die Nähe von Sirius hat es Astronomen ermöglicht, den Stern detailliert und präzise zu untersuchen und zu beobachten, indem sie verschiedene Beobachtungstechniken wie Spektroskopie, Photometrie und Interferometrie verwenden.

Darüber hinaus ist Sirius für viele Weltgesellschaften von großer historischer und kultureller Bedeutung, einschließlich der altägyptischen Kultur und der indigenen Dogon-Kultur, die Legenden und Mythen über den Stern haben.

Die chemische und physikalische Zusammensetzung von Sirius A, dem Primärstern des Doppelsternsystems, ist Astronomen und Wissenschaftlern gut bekannt. Basierend auf spektroskopischen Beobachtungen wird angenommen, dass die chemische Zusammensetzung von Sirius A der der Sonne ähnlich ist, hauptsächlich bestehend aus Wasserstoff (etwa 71 Massenprozent) und Helium (etwa 27 Massenprozent), mit Spuren anderer schwerer, wie Sauerstoff, Kohlenstoff, Eisen, Stickstoff und andere.

Physikalisch gesehen ist Sirius A ein A1V-Stern mit einer geschätzten Oberflächentemperatur von etwa 9.940 Kelvin und einer Masse von etwa 2,02 Sonnenmassen. Seine Leuchtkraft ist etwa 25-mal größer als die der Sonne und sein Alter wird auf etwa 230 Millionen Jahre geschätzt. Er ist ein sehr stabiler Stern und befindet sich in der Hauptphase seiner Sternentwicklung, indem er in seinem Kern durch Kernfusionsreaktionen Wasserstoff in Helium umwandelt.

Sirius B, der Begleitstern des Doppelsternsystems, ist ein extrem dichter und heißer Weißer Zwerg mit einer Masse von etwa 0,6 Sonnenmassen und einem geschätzten Radius von nur dem 0,0085-fachen des Sonnenradius. Die Temperatur seiner Oberfläche beträgt etwa 25.200 Kelvin, was ihn zu einem der heißesten bekannten Sterne macht. Es wird angenommen, dass Sirius B der freigelegte Kern eines Riesensterns ist, der seine äußere Atmosphäre früher in seiner Entwicklung verloren hat. Die Umlaufbahnentfernung zwischen den beiden Sternen beträgt etwa 20 astronomische Einheiten (AE).

Bestehend aus zwei Sternen, die um einen gemeinsamen Massenmittelpunkt kreisen, hat der Hauptstern Sirius A aufgrund der zwischen ihnen wirkenden Gravitationskraft eine größere Masse als der Begleitstern Sirius B und ist daher der Massenmittelpunkt der Doppelsterne Das System ist Sirius A am nächsten.

Die Umlaufbahn von Sirius B um Sirius A ist sehr klein im Vergleich zur Umlaufbahn der Erde um die Sonne. Beobachtungen zufolge beträgt der mittlere Abstand zwischen den beiden Sternen etwa 20 astronomische Einheiten (AE) und die Umlaufzeit etwa 50,1 Jahre. Die Exzentrizität der Umlaufbahn ist sehr gering, was bedeutet, dass der Abstand zwischen den Sternen während der Umlaufbahn nicht stark variiert.

Die Gravitationswechselwirkung zwischen den beiden Sternen hat beobachtbare Auswirkungen, wie z. B. eine periodische Änderung der scheinbaren Position von Sirius A am Himmel, die als Eigenbewegung bekannt ist. Darüber hinaus ist die Umlaufbahn von Sirius B relativ zur Sichtlinie der Erde geneigt, was zu periodischen Schwankungen in der Helligkeit des Binärsystems führt, die als Schwankungen der Radialgeschwindigkeit bekannt sind. Diese Variationen ermöglichen es, die Masse und andere Eigenschaften der Sterne im Doppelsternsystem zu bestimmen.

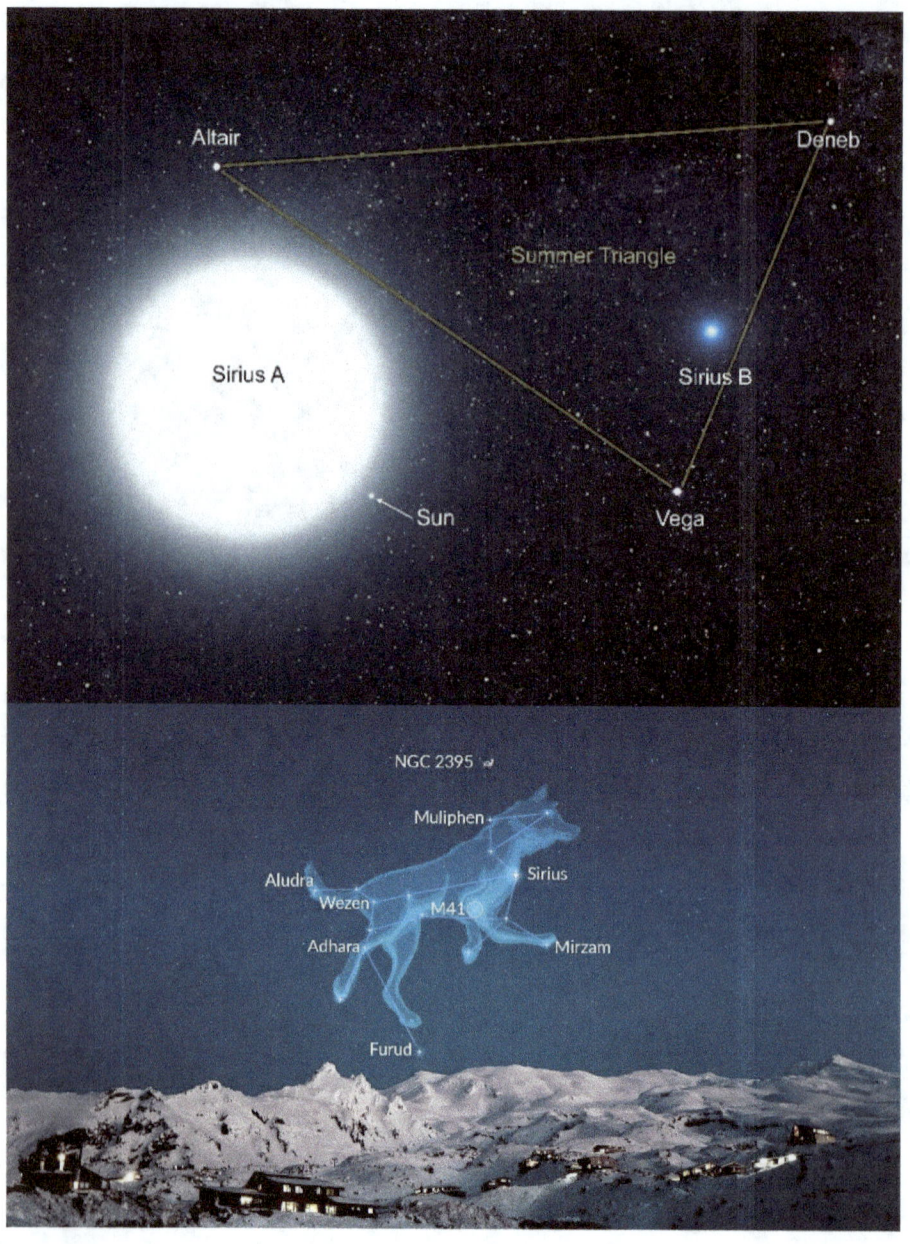

WR104

Der Stern WR 104 ist ein Doppelsternsystem im Sternbild Schütze, etwa 8.000 Lichtjahre von der Erde entfernt. Er wird als Wolf-Rayet-Stern klassifiziert, eine Art extrem leuchtender und massiver Stern, der sich dem Ende seines Lebens nähert.

Das Doppelsternsystem besteht aus zwei Sternen, die um einen gemeinsamen Massenmittelpunkt kreisen. Einer der Sterne ist ein Wolf-Rayet-Stern mit einer etwa 25-fachen Sonnenmasse, während der andere ein kleinerer, aber massereicherer Stern mit einer etwa 10-fachen Sonnenmasse ist.

Eines der interessantesten Merkmale von WR 104 ist das Vorhandensein einer Staubwolke, die die Sterne umgibt, von der angenommen wird, dass sie früher in ihrer Entwicklung aus dem System ausgestoßen wurde. Es wird angenommen, dass diese Staubwolke spiralförmig oder kreiselförmig ist und der Vorläufer einer zukünftigen Supernova-Explosion sein könnte.

Aufgrund seiner Lage in der Milchstraße ist WR 104 stark von interstellarem Staub verdeckt, was seine Untersuchung erschwert. Wir beobachten das System jedoch weiterhin mit einer Vielzahl von Techniken, einschließlich Infrarot- und Röntgenbeobachtungen, um mehr über die Eigenschaften und die Entwicklung massereicher Sterne zu erfahren.

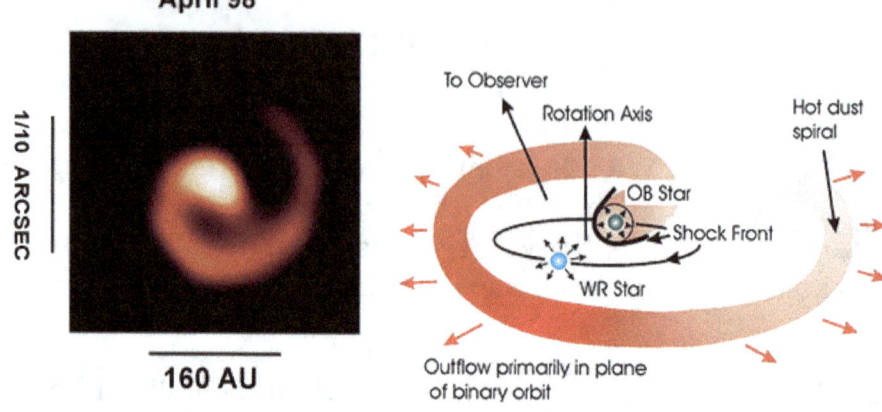

WR 104 at 2.27 Microns
April 98

Interacting Binary Wind Model
of Spiral Outflow Around WR 104

1/10 ARCSEC

160 AU

To Observer

Rotation Axis

Hot dust spiral

OB Star

Shock Front

WR Star

Outflow primarily in plane
of binary orbit

Es gibt keinen wissenschaftlichen Beweis dafür, dass WR 104 eine direkte Gefahr für die Erde darstellt. Obwohl es sich um einen massiven und instabilen Stern handelt, der schließlich in einer Supernova explodieren könnte, ist es aufgrund seiner Entfernung unwahrscheinlich, dass die Auswirkungen der Explosion die Erde direkt erreichen.

Eine Supernova-Explosion in der Nähe kann jedoch Nebenwirkungen auf die Erde haben, wie z. B. eine zunehmende kosmische Strahlung, Klimaveränderungen und eine Beeinträchtigung der Ozonschicht. Auch wenn die Staubwolke um WR 104 auf die Erde zeigen würde, könnte sie die Atmosphäre beeinflussen und möglicherweise einen Meteoritenschauer verursachen.

Es ist jedoch wichtig zu beachten, dass die Wahrscheinlichkeit, dass eine Supernova bei WR 104 auftritt, als sehr gering angesehen wird, und selbst wenn dies der Fall ist, ist die Wahrscheinlichkeit, dass sie die Erde erheblich beeinträchtigt, stark reduziert.

Als extrem massereicher und heißer Stern mit einer geschätzten Oberflächentemperatur von 50.000 bis 60.000 Grad Celsius hat er den größten Teil seiner äußeren Wasserstoff- und Heliumschicht durch den starken Sternwind abgestoßen und die inneren Schichten höherer Elemente freigelegt. schwer.
Spektroskopische Studien zeigen, dass WR 104 reich an schweren Elementen wie Kohlenstoff, Sauerstoff, Stickstoff, Silizium und Eisen ist. Darüber hinaus deutet die Analyse des vom Stern emittierten Lichts auf das Vorhandensein anderer Elemente wie Neon, Magnesium, Schwefel und Argon hin.

Es ist auch bekannt, dass der Stern von einer Staubwolke umgeben ist, die wahrscheinlich organische und mineralische Verbindungen enthält, die von den vom Stern emittierten schweren Elementen stammen.

Sein Spektrum zeigt das Vorhandensein einer Vielzahl von Elementen, und die umgebende Staubwolke enthält organische und mineralische Verbindungen.

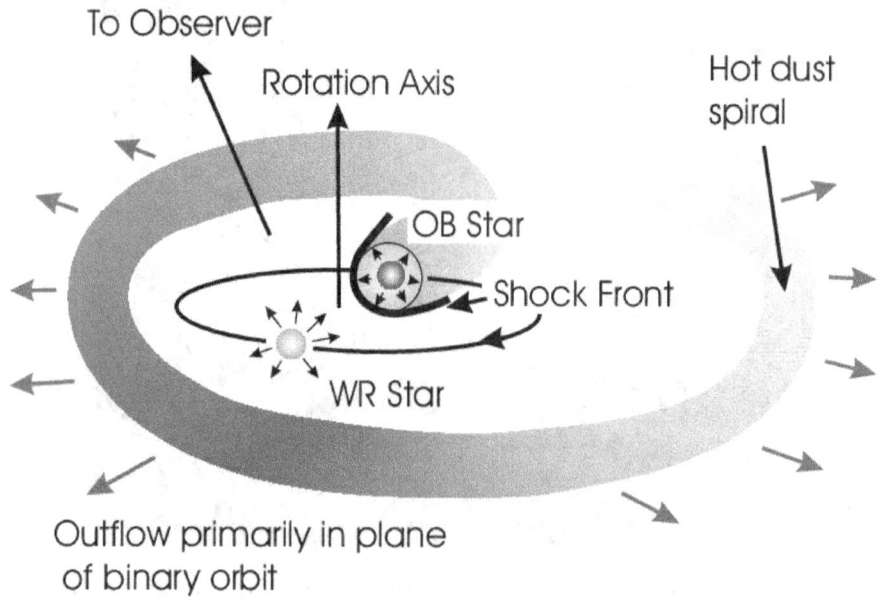

To Observer

Rotation Axis

Hot dust spiral

OB Star

Shock Front

WR Star

Outflow primarily in plane of binary orbit

Die Umlaufbahn des Sterns WR 104 ist komplex, da die beiden Sterne sehr nahe beieinander liegen und sich mit ihrer Gravitation gegenseitig beeinflussen. Der kleinere, massereichere Stern umkreist den Wolf-Rayet-Stern alle 220 Tage, während die Entfernung zwischen den beiden Sternen zwischen dem 10- und 30-fachen der durchschnittlichen Entfernung zwischen Erde und Sonne variiert.

Außerdem ist die Neigung der Umlaufbahn in Bezug auf die Sichtlinie der Erde hoch, was dazu führt, dass wir das System aus einem schrägen Winkel sehen, was es schwierig macht, die Umlaufbahn zu beobachten und richtig zu analysieren.

ZETA-ORIONIS-ALNITAK

A lnitak ist ein blauer Überriesenstern im Sternbild Orion, etwa 800 Lichtjahre von der Erde entfernt. Es ist einer der hellsten Sterne in der Orion-Region und mit bloßem Auge gut sichtbar, im Volksmund als "Las Tres Marías" bekannt. Er ist Teil des "Gürtels des Orion", einer markanten Formation aus drei Sternen am Nachthimmel. Alnitak ist der östlichste Stern im Gürtel, während die anderen beiden Sterne Alnilam (in der Mitte) und Mintaka (im Westen) sind. Alnitak hat eine geschätzte Masse von etwa dem 30-fachen der Sonne und ist ein sehr junger Stern, der auf etwa 6 Millionen Jahre geschätzt wird.

Alnitak hat eine geschätzte Masse von etwa der 30-fachen Masse der Sonne und einen geschätzten Durchmesser von etwa dem 20-fachen des Durchmessers der Sonne. Dies bedeutet, dass Alnitak ein extrem großer und hellblauer Überriesenstern mit einer physischen Größe von etwa 40 Millionen km ist. (etwa 28-fache Entfernung zwischen Erde und Sonne) und einer Oberflächentemperatur von rund 28.000 Grad Celsius.

Alnilam ist ein blauer Überriesenstern im Sternbild Orion, genau wie Alnitak und Mintaka. Es hat eine geschätzte Masse von etwa der 30-fachen Masse der Sonne und einen geschätzten Durchmesser von etwa dem 36-fachen des Durchmessers der Sonne. Das bedeutet, dass Alnilam ein extrem großer Stern ist, mit einer physischen Größe von etwa 23 Millionen Kilometern (etwa das 16-fache der Entfernung zwischen ihnen und etwa 31.000 Grad Celsius). Mintaka ist der westlichste Stern im Gürtel des Orion, während Alnilam der zentrale Stern des Gürtels und Alnitak der östlichste Stern ist.

Alnitak, Alnilam und Mintaka sind alle blaue Überriesen oder blau-weiße Riesensterne, was bedeutet, dass sie ähnliche chemische und physikalische Zusammensetzungen haben. Die chemische Zusammensetzung dieser Sterne wird in erster Linie durch die in ihren Kernen stattfindende Kernfusion bestimmt, die Wasserstoff in Helium umwandelt und durch weitere Fusionsreaktionen eine Vielzahl schwererer Elemente erzeugt.

Aus spektroskopischen Studien wissen wir, dass diese Sterne Wasserstoff, Helium und eine Vielzahl schwererer Elemente enthalten, darunter Kohlenstoff, Stickstoff, Sauerstoff, Neon, Magnesium, Silizium und Eisen. Darüber hinaus enthalten diese Sterne auch kleinere Mengen anderer Elemente wie Natrium,

Aluminium, Kalzium und Nickel.

In Bezug auf ihre physikalische Struktur haben diese Sterne dichte und heiße Kerne, in denen die Kernfusionsreaktionen stattfinden, die die Energie erzeugen, die sie ausstrahlen. Diese Kerne sind von Schichten aus ionisiertem Gas umgeben, die die Atmosphäre der Sterne bilden. Die Temperatur und der Druck in diesen Schichten nehmen mit zunehmender Entfernung vom Kern ab, was zur Bildung verschiedener Zonen mit unterschiedlichen physikalischen und chemischen Eigenschaften führt.

Darüber hinaus haben diese Sterne auch starke Magnetfelder, die ihre Atmosphäre beeinflussen und Phänomene wie Sternwinde, Sonneneruptionen und andere magnetische Aktivitäten hervorrufen können. Kurz gesagt, die Sterne Alnitak, Alnilam und Mintaka sind komplexe und faszinierende Himmelsobjekte, die unser wissenschaftliches Verständnis weiterhin in vielerlei Hinsicht herausfordern.

So massereiche Sterne sind viel kürzerlebig als kleinere Sterne wie die Sonne. Sie verbrennen ihren Kernbrennstoff viel schneller, was bedeutet, dass sie eine viel kürzere Lebensdauer haben.

Das Alter der Sterne Alnitak, Alnilam und Mintaka wird auf 5 bis 10 Millionen Jahre geschätzt. Das mag viel klingen, aber im Vergleich zum Alter des Universums, das auf rund 13,8 Milliarden Jahre geschätzt wird, sind sie relativ jung. Es wird geschätzt, dass diese Sterne einige hunderttausend bis einige Millionen Jahre brauchen, bevor sie ihren Kernbrennstoff erschöpfen und zusammenbrechen, um zu Neutronensternen oder schwarzen Löchern zu werden.

Orion-Konstellation, Bild, das den Ursprung, die Symbolik und die Mythologie darstellt.

Diese drei Sterne umkreisen sich nicht gegenseitig, sondern zusammen mit unserer Sonne und Milliarden anderer Sterne um das Zentrum der Milchstraße. Die Umlaufbahn dieser Sterne um das Zentrum der Milchstraße wird hauptsächlich von der Schwerkraft der Galaxie und der Verteilung der Materie in ihrer Region beeinflusst.

Die Umlaufgeschwindigkeit von Sternen im Gürtel des Orion kann anhand ihrer Radialgeschwindigkeit gemessen werden, d. h. der Geschwindigkeit, mit der sie sich entlang der Sichtlinie auf uns zu oder von uns weg bewegen. Aus diesen Messungen schätzen wir, dass sich die Sterne Alnitak, Alnilam und Mintaka mit einer Geschwindigkeit von etwa 20 bis 30 Kilometern pro Sekunde um das Zentrum der Milchstraße bewegen, das heißt, dass sie etwa 200 Millionen Jahre brauchen, um die Milchstraße einmal zu umkreisen Milchstraße. Galaxis.

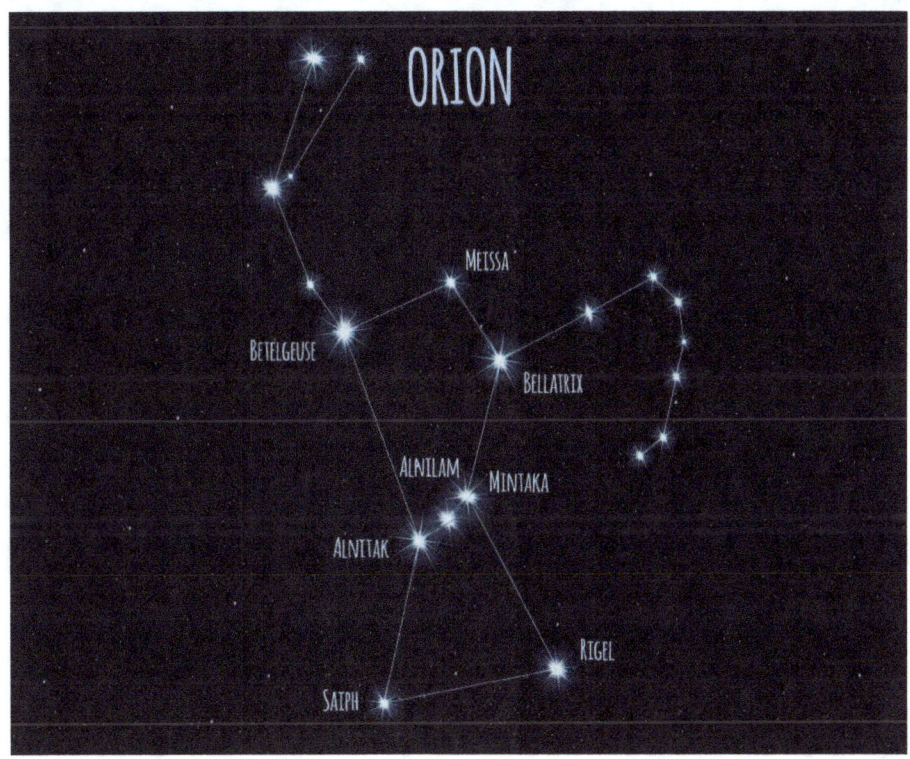

ALDEBARAN

Aldebaran ist ein roter Riesenstern im Sternbild Stier. Er ist der hellste Stern im Sternbild und der 13. hellste Stern am Nachthimmel, leicht erkennbar an seiner rötlichen Farbe und seiner herausragenden Position in der Nähe des Sternhaufens der Plejaden.

Der Stern hat eine scheinbare Helligkeit von 0,85 und eine absolute Helligkeit von -0,63, was bedeutet, dass er etwa 425-mal heller ist als die Sonne. Er liegt etwa 65 Lichtjahre von der Erde entfernt und hat eine geschätzte Masse von etwa 1,7 Sonnenmassen.

Aldebaran war im Laufe der Geschichte für verschiedene Kulturen wichtig, einschließlich der alten Perser, die glaubten, dass der Stern die Pupille des himmlischen Auges sei. Die Araber nannten sie „die Nachfolgerin", weil sie den Plejaden über den Nachthimmel zu folgen schien.

Der Stern umkreist das Zentrum der Milchstraße, genau wie die Sonne und andere Sterne in der Nähe. Wie in der Astronomie üblich, lässt sich die Umlaufbahn von Aldebaran jedoch einfacher in Bezug auf ihre Beziehung zum Sonnensystem beschreiben, da wir diese von der Erde aus beobachten.

Aldebaran gehört nicht zum Sonnensystem, ist aber etwa 65 Lichtjahre von der Erde entfernt. Er bewegt sich relativ zur Sonne mit einer Durchschnittsgeschwindigkeit von etwa 50 km/s durch den Weltraum. Seine Umlaufbahn um die Milchstraße ist viel breiter und langsamer und benötigt etwa 625 Millionen Jahre, um eine einzige Umdrehung um die Sonne zu vollenden. galaktische Zentrum. Es ist bekannt, dass es einen nahen Doppelpartner hat, obwohl dieser viel schwächer und schwieriger zu beobachten ist. Der Begleitstern umkreist Aldebaran mit einer Periode von etwa 600 Jahren und ist vom Hauptstern durchschnittlich etwa 1.500 Millionen Kilometer entfernt.

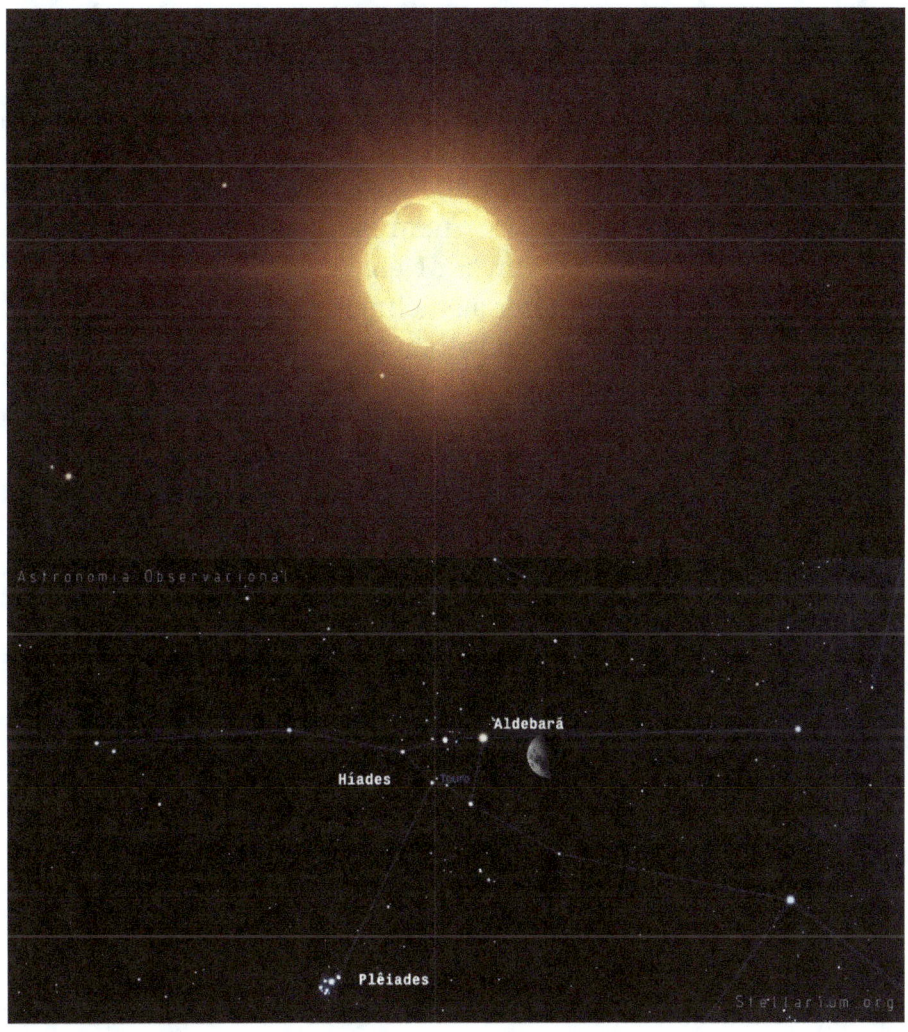

Seine effektive Temperatur liegt bei etwa 3.900 Grad Celsius, viel kälter als die Temperatur der Sonne, die etwa 5.500 Grad Celsius beträgt. Dadurch emittiert Aldebaran den größten Teil seines Lichts im Infrarotbereich.

Chemisch besteht er wie die meisten Sterne hauptsächlich aus Wasserstoff und Helium. Es enthält jedoch auch erhebliche Mengen anderer Elemente wie Kohlenstoff, Sauerstoff und Stickstoff. Diese Elemente werden innerhalb des Sterns durch Kernreaktionen erzeugt, die in seinem Kern und seinen äußeren Schichten stattfinden.

Während Aldebaran altert, durchläuft es eine Reihe von Transformationen seiner inneren Struktur, wobei es Wasserstoff in seinem Kern verbraucht und beginnt, Helium zu verbrennen, sich ausdehnt und abkühlt in einem Prozess, der als roter Riese bekannt ist. Wenn das Helium zur Neige geht, wird sich der Stern weiter entwickeln und weiter ausdehnen, bis er schließlich seine äußeren Schichten abwirft und einen planetarischen Nebel bildet.

Einige lustige Fakten über diesen Himmelskörper sind, dass Aldebaran in der modernen westlichen Populärkultur oft in Liedern, Filmen und Büchern als poetischer Hinweis auf den Nachthimmel und die kosmische Natur des Universums zitiert wird. In der Science-Fiction-Serie „Star Trek" wird Aldebaran mehrfach als wichtiger Ort in der Galaxie erwähnt. Zum Beispiel besucht die Besatzung der USS Enterprise in einer Episode der Originalserie den Planeten Aldebaran III und wurde schließlich in der persischen Mythologie als "Schutzgebiet des himmlischen Auges" und als einer der vier königlichen Sterne angesehen, die mit den vier verbunden sind Artikel. der Natur. Aldebaran repräsentierte das Element Feuer.

CRUCIS-SORTIMENT

D er Stern Gamma Crucis, auch bekannt als Gacrux, ist einer der hellsten Sterne im Sternbild Kreuz des Südens, das sich auf der südlichen Himmelshalbkugel befindet. Es ist einer der vier Sterne, aus denen das berühmte Sternzeichen Kreuz des Südens besteht, das eines der kultigsten Symbole des südlichen Nachthimmels ist.

Gacrux ist ein Roter Riesenstern der M-Klasse mit einer Oberflächentemperatur von etwa 3.500 Kelvin. Es ist ein variabler Stern vom Typ LC, was bedeutet, dass seine Leuchtkraft im Laufe der Zeit leicht variiert. Seine scheinbare Helligkeit variiert zwischen 1,59 und 1,66, wodurch es selbst in städtischen Gebieten mit verschmutztem Himmel mit bloßem Auge gut sichtbar ist.

Mit einer geschätzten Masse von etwa dem 1,5-fachen der Sonnenmasse und einem Durchmesser von etwa dem 120-fachen des Sonnendurchmessers ist Gacrux ein sehr großer Stern. Seine Leuchtkraft beträgt etwa das 1.500-fache der Sonne, was ihn zu einem der hellsten Sterne im Universum macht.

Gacrux ist mit einem geschätzten Alter von etwa 25 Millionen Jahren relativ jung. Obwohl es in astronomischer Hinsicht mit einer Entfernung von etwa 88 Lichtjahren relativ nahe an der Erde liegt, ist nicht viel über seine Planetensysteme oder Exoplaneten bekannt. Die Entdeckung von Planeten um andere Sterne der M-Klasse deutet jedoch darauf hin, dass Gacrux möglicherweise von mindestens einem Planetensystem umkreist wird.

Gacrux ist ein wichtiger Star für die Ureinwohner Australiens, die ihn als "Gnokan Danna" oder "Heaven's Gate Guardian" kennen.

Er ist einer der heiligsten Sterne am australischen Nachthimmel und spielt in vielen Geschichten und Mythen der Aborigines eine wichtige Rolle.

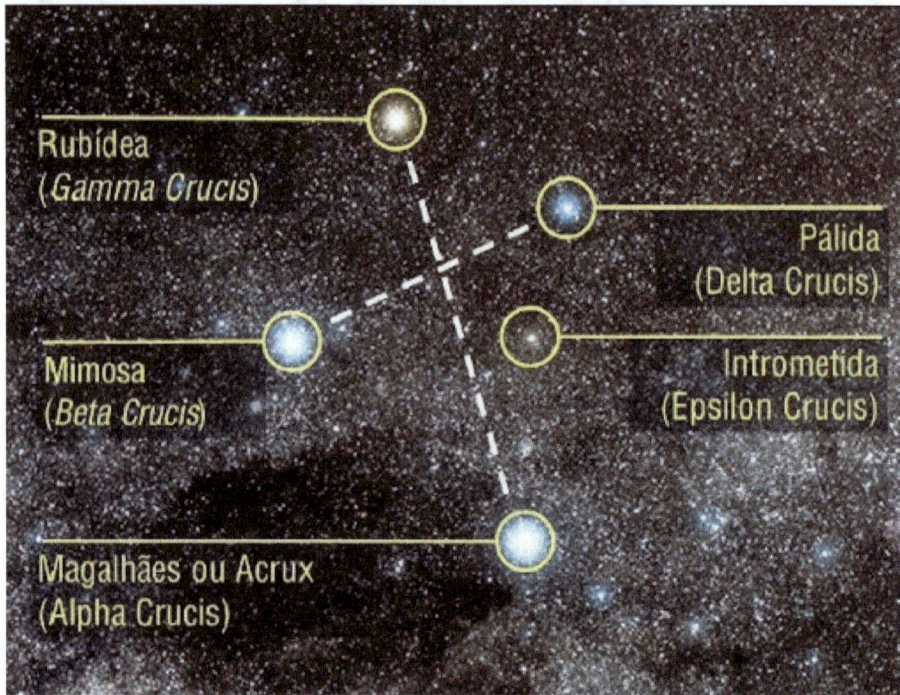

In Bezug auf seine innere Struktur hat Gacrux einen Kern, der von einer Hülle aus ionisiertem Wasserstoff umgeben ist, gefolgt von einer Hülle aus ionisiertem Helium und schließlich einer Hülle aus neutralem Wasserstoff. Die äußere Hülle des Sterns besteht hauptsächlich aus Gas und Staub, die während der Sternentwicklung von seiner Oberfläche ausgestoßen werden.

Gacrux ist ein massearmer Stern, was bedeutet, dass sich seine innere Struktur von der massereicherer Sterne unterscheidet. Die Energie wird hauptsächlich durch die Fusion von Wasserstoff zu Helium im Kern des Sterns erzeugt, und die Konvektion ist für den Transport dieser Energie an die Oberfläche verantwortlich. Konvektion ist ein Prozess, bei dem heißes Gas zur Oberfläche des Sterns aufsteigt, während kühleres Gas zum Kern hin abfällt.

Zusammenfassend ist Gacrux ein Stern der M-Klasse mit einer einfachen chemischen Zusammensetzung, die hauptsächlich aus Wasserstoff und Helium besteht. Seine innere Struktur unterscheidet sich von der massereicherer Sterne, wobei die Energie hauptsächlich durch die Fusion von Wasserstoff zu Helium im Kern erzeugt und durch Konvektion an die Oberfläche transportiert wird.

Gacrux umkreist das Zentrum der Milchstraße, der Spiralgalaxie, in der sich unser Sonnensystem befindet. Seine Umlaufbahn wird durch die Schwerkraft bestimmt, die von anderen Objekten in der Galaxie ausgeübt wird, einschließlich Sternen, Gas- und Staubwolken und dunkler Materie.

Astronomischen Beobachtungen zufolge hat Gacrux eine Radialgeschwindigkeit relativ zur Sonne von etwa -19,7 km/s, was bedeutet, dass es sich mit dieser Geschwindigkeit von uns entfernt. Seine Raumgeschwindigkeit wird auf etwa 22 km/s geschätzt, was darauf hindeutet, dass er sich auf einer exzentrischen Umlaufbahn um das Zentrum der Milchstraße bewegt.

Die Position von Gacrux am Himmel ändert sich allmählich

im Laufe der Zeit aufgrund seiner Bewegung um das Zentrum der Galaxie. Die gesamte Bahn des Sterns um das Zentrum der Milchstraße dauert etwa 250 Millionen Jahre, die sogenannte Umlaufzeit.

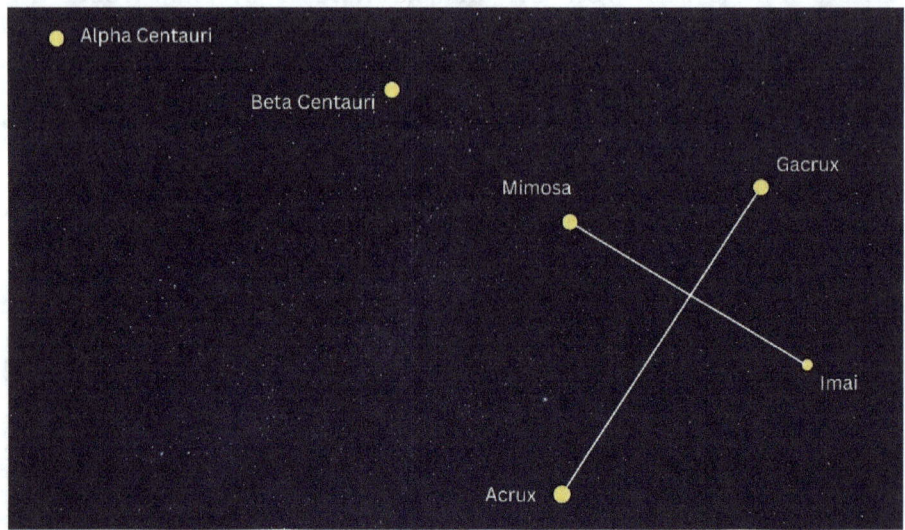

Aufgrund seiner relativen Nähe wird Gacrux oft als Referenz für die Messung von Entfernungen zu anderen Sternen und Himmelsobjekten in der Galaxie verwendet.

Eine merkwürdige Tatsache ist die Untersuchung dieses Sterns und anderer nahegelegener Sterne, die für das Verständnis der Entstehung, Entwicklung und Zusammensetzung der Sterne in unserer Galaxie wichtig sind.

ETA CARINAE

E ta Carinae ist ein Stern im Sternbild Carina oder (Quilla), etwa 7.500 Lichtjahre von der Erde entfernt. Er ist einer der hellsten Sterne am Nachthimmel und war im Laufe der Jahre Gegenstand intensiver Studien von Astronomen.

Der Stern Eta Carinae wird als leuchtender blauer veränderlicher Stern klassifiziert und wurde 1677 vom Astronomen Edmond Halley entdeckt. Seitdem schwankte seine Leuchtkraft und im Jahr 1843 erlebte er eine der größten jemals aufgezeichneten Sternexplosionen und wurde vorübergehend zum zweithellsten Stern am Nachthimmel.

Die Sternexplosion von 1843 setzte eine enorme Energiemenge frei und erzeugte zwei riesige Gaswolken namens Homunculus und Weigelt Haze, die sich mit Geschwindigkeiten von bis zu 1.500 km/s ausdehnten. Der Homunkulus ist ein sanduhrförmiger bipolarer Nebel, der den Stern umgibt, während der Weigelt-Nebel aus einer Reihe konzentrischer Ringe besteht, die ihn umgeben.

Seit der Explosion hat Eta Carinae an Helligkeit und Größe abgenommen, bleibt aber ein massiver und instabiler Stern. Es wird geschätzt, dass es eine Masse von etwa dem Hundertfachen der Sonne und eine Leuchtkraft von mehr als dem Fünfmillionenfachen der Sonne hat. Seine Oberflächentemperatur beträgt rund 25.000 Grad Celsius.

Es wird angenommen, dass sich Eta Carinae dem Ende ihrer Lebensdauer nähert und bald in einer Supernova explodieren könnte. Obwohl sich der Stern in sicherer Entfernung von der Erde befindet, könnte eine Explosion dieser Größenordnung die Erdatmosphäre beeinträchtigen und erhebliche Schäden an Kommunikationssystemen verursachen.

Eta Carinae ist weiterhin eine wichtige Studienquelle mit fortschrittlichen Beobachtungstechniken wie Weltraumteleskopen und Interferometrie, um seine Struktur und sein Verhalten zu untersuchen. Wir brauchen mehr Daten, um diesen Stern zu verstehen, der das Verständnis der Wissenschaftler über die Natur des Universums weiterhin herausfordert.

Die chemische Zusammensetzung dieses Sterns ist komplex und wird von Wissenschaftlern noch nicht vollständig verstanden. Spektroskopische Studien deuten jedoch darauf hin, dass Eta Carinae ein Stern ist, der reich an schweren Elementen wie Kohlenstoff, Stickstoff, Sauerstoff und Eisen ist, was darauf hindeutet, dass er in seinem Kern bereits mehrere Stadien der Kernfusion durchlaufen hat.

Darüber hinaus ist bekannt, dass der Stern einen hohen Anteil an Helium in seiner Atmosphäre hat, was darauf hindeutet, dass es sich um einen jungen Stern handelt, der noch nicht die Zeit hatte, das gesamte Helium durch Kernfusionsprozesse in schwerere Elemente umzuwandeln. Dieser hohe Anteil an Helium könnte auch ein Zeichen dafür sein, dass Eta Carinae ein Stern ist, der aus Urgas mit geringem Metallgehalt entstanden ist.

Andere Elemente, die in der Atmosphäre von Eta Carinae entdeckt wurden, sind Silizium, Magnesium, Schwefel und Argon. Die relative Häufigkeit dieser Elemente ist jedoch noch nicht vollständig bekannt.

Eta Carinae hat keine Umlaufbahn im herkömmlichen Sinne des Wortes, da es sich um einen Einzelstern und nicht um ein Doppel- oder Mehrfachsystem handelt. Es ist jedoch bekannt, dass der Stern Schwankungen in seiner Leuchtkraft und anderen Eigenschaften aufweist, die durch Zyklen der Sternaktivität erklärt werden können, einschließlich Oszillationen in seiner inneren Struktur und periodischen Eruptionen.

Darüber hinaus liegt der Stern am inneren Rand einer großen Sternentstehungsregion namens Carina-Nebel, die mehrere junge und massereiche Sterne enthält. Die Gravitationswechselwirkung zwischen diesen Sternen könnte eine wichtige Rolle bei der Entwicklung von Eta Carinae und seiner stellaren Aktivität spielen.

Obwohl es keine definierte Umlaufbahn hat, ist die Position von Eta Carinae am Himmel genau bekannt und wird oft als Bezugspunkt für die astronomische Navigation verwendet. Der Stern befindet sich im Sternbild Carina und ist bei guten Sichtverhältnissen mit bloßem Auge zu sehen.

Das sagen aber neuere Studiensei einDoppelsternsystemsehr nahe beieinander. der kleinere SternDurchmesserder heißeste (30.000 °C) und der andere mit dem DreifachenDurchmesseres ist kälter (15.000 °C), aber doppelt so hell. DasSternensystemist dicht eingepacktWolkeInGaseIstStaub, der einen Nebel bildet, der 400-mal größer ist als derSonnensystem, bekannt alsEta-Carinae-Nebel(oder NGC3372). Der Helligkeitsverlust ist möglicherweise auf eine Folge der engeren Annäherung zwischen den beiden Sternen zurückzuführenPeristrom, an diesem Punkt bedeckt der kleinere Stern fast die Hälfte des größeren. Die Abnahme der Helligkeit entspricht dem 20-fachen vonSonne, aber strahlen wie 4 bis 5 Millionen Sonnen. Die Rotationsdauer der Sterne (gegeneinander) beträgt 5,5 Jahre.

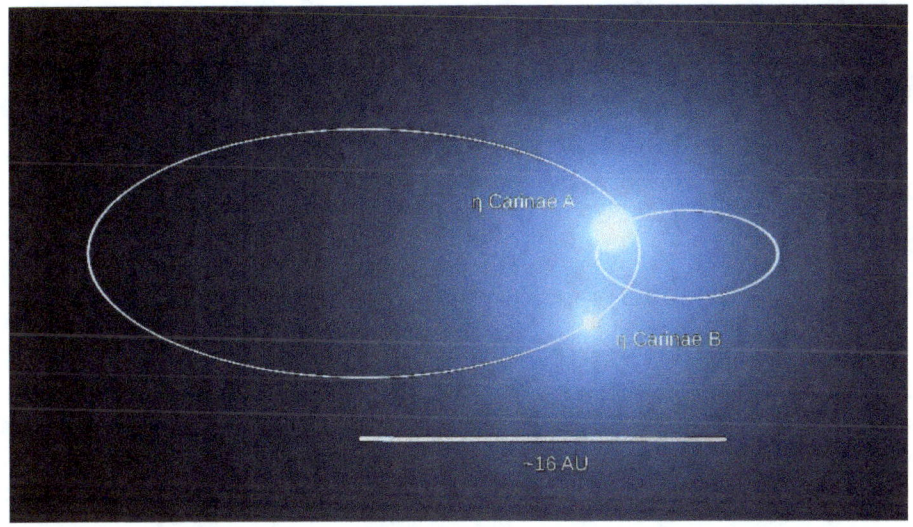

Der brasilianische Astronom Augusto Damineli, Professor am IAG-USP, ist einer von denen, die behaupten, dass der Stern eine Variable ist, weil es seiner Meinung nach alle fünfeinhalb Jahre zu einer Abnahme seiner Helligkeit kommt, während andere Astronomen dies nicht taten akzeptieren. Diese Theorie, im Jahr 1997 gab es jedoch eine weitere Verringerung der Helligkeit, das Phänomen wurde bestätigt. Im Jahr 2003 wurde dank der Aufzeichnungen von mehr als 50 Spezialisten, unterstützt durch Beobachtungen durch terrestrische und umlaufende Teleskope, schließlich bestätigt, dass es sich tatsächlich um einen weiteren variablen Stern des SDOR-Typs handelte – Binary High Luminosity Stars, mit Variationen zwischen 1 bis 7 Magnituden, assoziiert mit und eingehüllt in expandierendes Material, das typisch für Nebel ist.

Sehr großen Sternen wie Eta Carinae geht aufgrund ihrer überproportional hohen Leuchtkraft sehr schnell der Treibstoff aus. Es wird erwartet, dass Eta Carinae in den nächsten Millionen Jahren als Supernova oder Hypernova explodieren wird.

Und schließlich, undStudien deuten darauf hin, dass Eta Carinae sehr langsam rotiert, mit einer geschätzten Rotationsdauer von etwa 5,5 Jahren. Diese Schätzung basiert jedoch auf indirekten Messungen und kann mit erheblichen Unsicherheiten behaftet sein. Da es sich um einen variablen und instabilen Stern handelt, ist es außerdem schwierig, seine Rotation genau zu berechnen.

BETELGEUSE – APHA ORIONIS

E r ist einer der berühmtesten und leicht erkennbaren Sterne am Nachthimmel. Er befindet sich im Sternbild Orion und ist nach Rigel der zweithellste Stern in diesem Sternbild. Er ist jedoch einer der hellsten Sterne am Nachthimmel und etwa 100.000 Mal leuchtender als die Sonne.

Eines der bemerkenswertesten Merkmale von Beteigeuze ist seine Größe. Es wird geschätzt, dass er einen Durchmesser hat, der etwa 1.000 Mal so groß ist wie der der Sonne, was ihn zu einem der größten bekannten Sterne macht. Würde man ihn im Zentrum unseres Sonnensystems platzieren, würde sich seine Atmosphäre über die Jupiterbahn hinaus erstrecken.

Ein weiteres interessantes Merkmal ist, dass es sich um einen variablen Stern handelt, was bedeutet, dass sich seine Leuchtkraft im Laufe der Zeit ändert. Aufgrund seiner Größe können diese Änderungen leicht mit bloßem Auge erkannt werden. Im Durchschnitt dauert es etwa 420 Tage, bis der Stern einen vollständigen Helligkeitszyklus durchlaufen hat. Die Helligkeitsschwankung wird durch das Pulsieren des Sterns verursacht, was zu Änderungen seiner Temperatur und Leuchtkraft führt.

Es hat kürzlich aufgrund von Spekulationen über seine mögliche Explosion in einer Supernova die Aufmerksamkeit der Medien auf sich gezogen. Beteigeuze ist am Ende seines Lebens und wird voraussichtlich in einer Supernova explodieren. Es gibt jedoch keine Gewissheit, wann dies der Fall sein wird. Einige Studien deuten darauf hin, dass der Stern jeden Moment explodieren könnte, während andere behaupten, dass er noch Tausende von Jahren hat, bevor er explodiert.

Unabhängig davon, wann der Stern explodiert, wird sein Tod ein bedeutendes Ereignis für die Astronomie sein. Die Explosion wird von der Erde aus sichtbar sein und kann sogar tagsüber gesehen werden, je nachdem, wie das Licht durch die Atmosphäre gestreut wird. Darüber hinaus wird die Supernova eine unglaubliche Menge an Energie und Materie produzieren, die von Astronomen über viele Jahre hinweg untersucht werden kann.

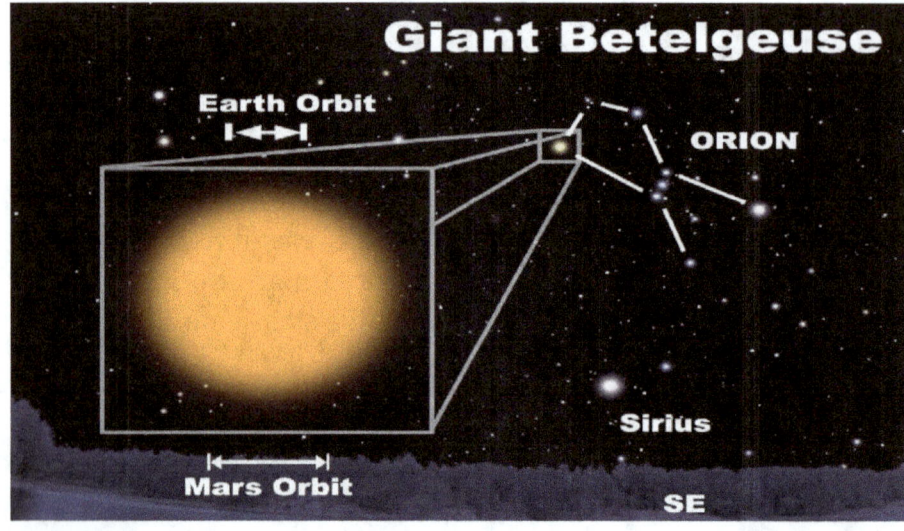

Beteigeuze ist ein sehr großer, leuchtender und kühler Stern, der als roter Überriese des Spektraltyps M1-2 Ia-ab klassifiziert ist. Der Buchstabe "M" zeigt an, dass es sich um einen roten Stern der Spektralklasse M handelt, weshalb er eine niedrige Oberflächentemperatur hat; Das Suffix "Ia-ab" ist die Leuchtkraftklasse des Sterns und zeigt an, dass er zwischen einem Überriesen mit normaler Leuchtkraft und einem Überriesen mit hoher Leuchtkraft liegt. Das Hauptmerkmal des sichtbaren Spektrums von Sternen dieses Typs ist das Vorhandensein von Titan(II)-oxid (TiO)-Absorptionsbanden im grünen Bereich des Spektrums, was auf eine niedrige Oberflächentemperatur hinweist. Die geringe Intensität der neutralen Calciumlinie bei 4227 Å ist der Hauptindikator für hohe Leuchtkraft. Seit der Einführung des MKK-Bewertungssystems im Jahr 1943

Rote Überriesen wie Beteigeuze sind massive Sterne, die die Hauptreihe bereits verlassen haben und sich in den späten Stadien ihrer Entwicklung befinden. Diese Sterne verbrennen ihren Treibstoff schnell und leben nur wenige Millionen Jahre. Ursprünglich ein Hauptreihenstern der O-Klasse, hat Beteigeuze bereits den gesamten Wasserstoff in seinem Kern verbraucht, wodurch sich der Kern unter der Schwerkraft zusammenzieht. Um den heißeren, dichteren Kern auszugleichen, dehnen sich die äußeren Schichten aus und kühlen ab. Während sein genauer evolutionärer Status unbekannt ist, fusioniert Beteigeuze höchstwahrscheinlich Helium, um Kohlenstoff und Sauerstoff im Kern zu erzeugen, wobei eine Hülle aus Wasserstofffusion den Kern umgibt.

Künstlerische Darstellung des Sterns und seinerNebel

Die am häufigsten vorkommenden Elemente in der Atmosphäre von Beteigeuze sind Wasserstoff und Helium, die etwa 85 % bzw. 13 % der chemischen Zusammensetzung ausmachen. Die anderen vorhandenen Elemente sind unter anderem hauptsächlich Kohlenstoff, Sauerstoff, Stickstoff, Silizium, Schwefel, Eisen und Titan.

Es wird angenommen, dass sich der Stern aus einem sehr massereichen Stern entwickelt hat, der viele schwerere Elemente durch Kernreaktionen in seinem Kern produzierte. Diese schwereren Elemente wurden dann durch konvektive Prozesse in seiner Atmosphäre an die Oberfläche des Sterns transportiert.

Was die Umlaufbahn betrifft, umkreist Beteigeuze kein bestimmtes Objekt. Stattdessen ist es ein einsamer Stern, der sich zusammen mit anderen Sternen durch die Milchstraße bewegt. Es bewegt sich auf einer relativ zufälligen Flugbahn, die hauptsächlich durch Gravitationswechselwirkungen mit anderen Sternen und massiven Objekten in der Galaxie beeinflusst wird.

In Bezug auf die Rotation hat Beteigeuze eine relativ langsame Rotation mit einer Rotationsperiode von etwa 8,4 Jahren. Das ist überraschend langsam für einen Stern seiner Masse und Größe, der auf etwa das 20-fache der Sonnenmasse und etwa das 1.000-fache der Größe der Sonne geschätzt wird. Es wird angenommen, dass die langsame Rotation von Beteigeuze auf Wechselwirkungen zwischen der Rotation und den äußeren Schichten des Sterns zurückzuführen ist, die stark konvektiv sind.

ANTARES

Antares ist ein roter Überriesenstern im Sternbild Skorpion. Mit einem geschätzten Durchmesser von etwa dem 700-fachen der Sonne ist Antares einer der größten bekannten Sterne. Seine Entfernung von der Erde beträgt etwa 550 Lichtjahre, was ihn zu einem der hellsten Sterne am Nachthimmel macht.

Der Name „Antares" kommt vom griechischen Ant-Ares, was „Rivale des Mars" bedeutet. Dies liegt daran, dass der Stern einen rötlichen Farbton hat, der dem des roten Planeten ähnelt.

Antares ist ein sehr heißer Stern mit einer Oberflächentemperatur von etwa 3.500 Grad Celsius, aber seine rote Farbe ist das Ergebnis seiner Größe und der Emission von Licht bei längeren Wellenlängen.

Neben seiner beeindruckenden Erscheinung ist Antares auch ein ziemlich komplexer Stern. Es ist bekannt, dass er ein Doppelsternsystem hat, was bedeutet, dass ein weiterer Stern in seiner Nähe umkreist, der Begleitstern von Antares viel kleiner und kühler ist als er, und es dauert etwa 900 Jahre, um den Hauptstern einmal zu umrunden.

Es ist ein weiterentwickelter Stern, mit einem geschätzten Alter von etwa 12 Millionen Jahren, er hat bereits die Phase durchlaufen, in der er Energie durch die Kernfusion von Wasserstoff in Helium erzeugt, und befindet sich nun in der Phase, in der er die Energie umwandelt Helium in Kohlenstoff und Sauerstoff in seinen Kern. Diese Entwicklung wird schließlich zum Tod des Sterns führen, aber da Antares so viel größer als die Sonne ist, wird sein Tod viel dramatischer sein.

Am Ende seines Lebens wird Antares in einer Supernova explodieren, einer extrem starken Explosion, die eine enorme Menge an Energie und Materie in den Weltraum freisetzen wird. Dies kann ein Phänomen erzeugen, das als planetarischer Nebel bekannt ist, eine Wolke aus Gas und Staub, die von der Strahlung des sterbenden Sterns beleuchtet wird. Obwohl sie nicht nahe genug ist, um eine direkte Bedrohung für die Erde darzustellen, wäre die Explosion von Antares sicherlich ein beeindruckender Anblick für astronomische Beobachter.

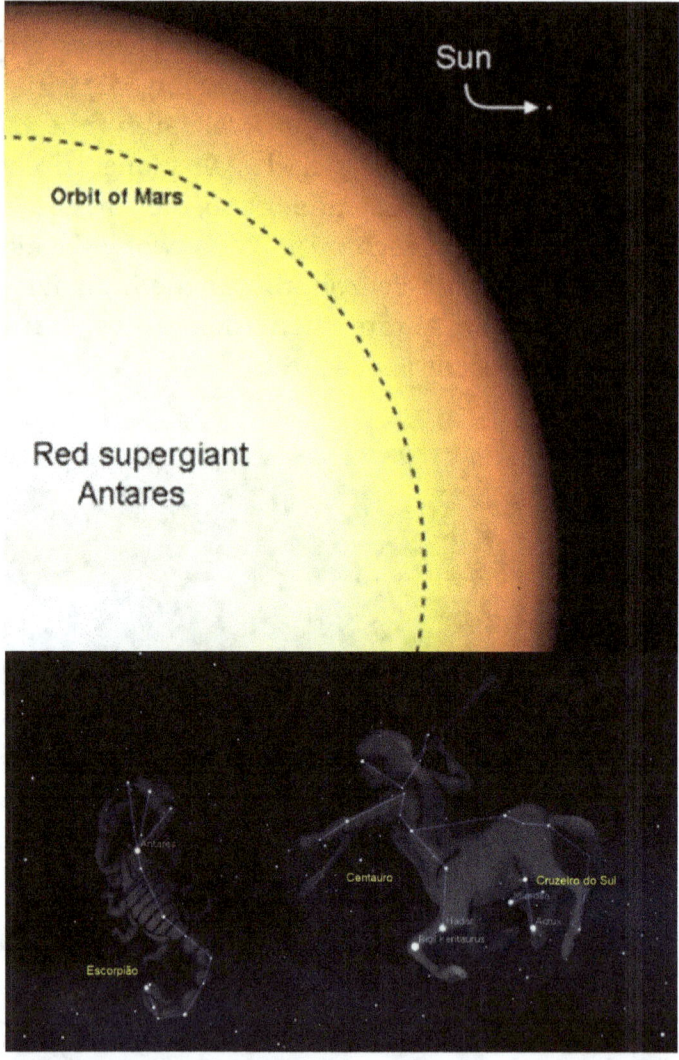

Die chemische Zusammensetzung von Antares ist der anderer Überriesensterne ziemlich ähnlich, sie besteht hauptsächlich aus Wasserstoff und Helium, mit Spuren von schwereren Elementen.

Der Stern erzeugt Energie durch Kernfusion, die im Kern des Sterns stattfindet. Bei der Kernfusion verschmelzen die Kerne von Atomen zu neuen Kernen und setzen dabei eine große Menge Energie frei. Die Kernfusion von Wasserstoff zu Helium ist die Hauptenergiequelle für Sterne, einschließlich Antares.

Neben Wasserstoff und Helium enthält Antares Spuren anderer chemischer Elemente wie Kohlenstoff, Sauerstoff, Stickstoff und Eisen. Diese Elemente werden in Kernreaktionen gebildet, die innerhalb des Sterns auftreten, während er sich entwickelt.

Die Menge an schwereren Elementen in Antares ist im Vergleich zu Wasserstoff und Helium relativ gering. Das liegt daran, dass Überriesensterne wie Antares kosmisch gesehen sehr jung sind und noch nicht genug Zeit hatten, große Mengen der schwereren Elemente durch Kernreaktionen zu produzieren.

Aber auch kleine Mengen der schwereren Elemente in Sternen wie Antares sind wichtig für die Planetenbildung und das Leben selbst. Die meisten der auf der Erde vorkommenden chemischen Elemente, einschließlich Kohlenstoff, Sauerstoff und Eisen, wurden in Sternen gebildet, die vor unserer Sonne existierten. Als diese Sterne in Supernovae explodierten, setzten sie diese Elemente in den Weltraum frei, die anschließend zu neuen Sternen und Planeten zusammenklumpten.

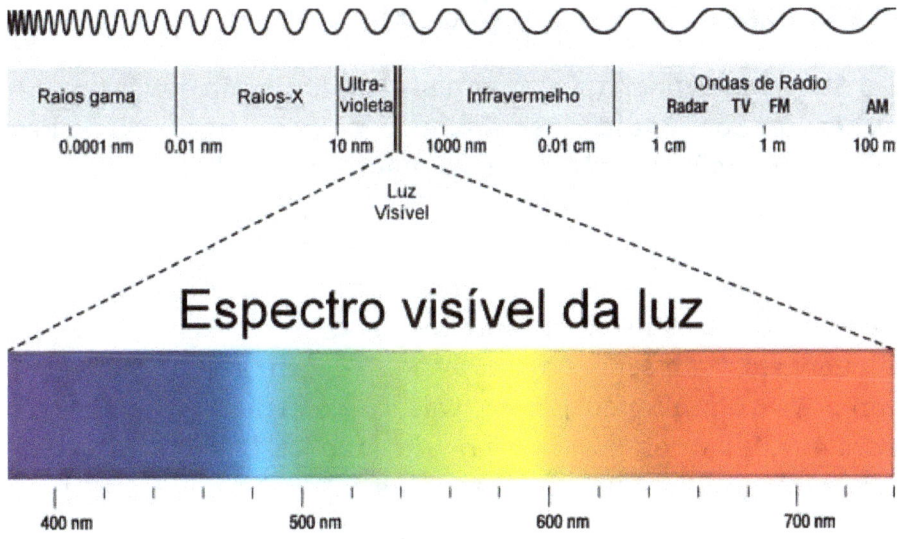

MU CEFEI

Der Stern Mu Cephei, auch bekannt als Roter Riesenstern oder einfach „Mu Cep", ist einer der hellsten bekannten Sterne in der Milchstraße. Er befindet sich im Sternbild Kepheus, etwa 2.300 Lichtjahre von der Erde entfernt, und ist mit einer scheinbaren Helligkeit von etwa 4,08 einer der massereichsten und leuchtendsten bekannten Sterne.

Mu Cephei ist ein Klasse-M-Stern, was bedeutet, dass es sich um einen roten Riesenstern mit relativ niedriger Oberflächentemperatur und sehr hoher Leuchtkraft handelt. Es ist auch eine semi-irreguläre Variable, was bedeutet, dass ihre Leuchtkraft mit der Zeit variiert, wenn auch unvorhersehbar. Seine Stärke variiert zwischen 3,4 und 5,1, mit einer durchschnittlichen Dauer von etwa 730 Tagen.

Der Stern Mu Cephei hat eine geschätzte Masse von etwa dem 20-fachen der Sonne und einen Radius von etwa dem 1.500-fachen des Sonnenradius, was ihn zu einem der größten bekannten Sterne macht. Seine Oberflächentemperatur ist relativ niedrig, etwa 3.500 Grad Celsius, was ihm eine rote Farbe verleiht. Der Stern hat eine etwa 300.000-fache Leuchtkraft der Sonne und ist damit einer der hellsten bekannten Sterne.

Mu Cephei ist ein sehr junger Stern mit einem geschätzten Alter von etwa 10 Millionen Jahren, was im Vergleich zur Sonne, die etwa 4,6 Milliarden Jahre alt ist, sehr jung ist. Der Stern hat eine große Menge an zirkumstellarem Material, was darauf hindeutet, dass er sich in einer aktiven Entwicklungsphase befindet. Es wird angenommen, dass der Stern schließlich zu einem planetarischen Nebelstern wird, der seine äußeren Schichten in einer Wolke aus Gas und Staub abwirft.

Seine große Masse und Leuchtkraft machen ihn zu einem wichtigen Beispiel für das Verständnis der Sternentwicklung in extrem massereichen Sternen. Darüber hinaus ist der Stern eine wichtige Quelle für Infrarotstrahlung und wird zur Untersuchung der Staubbildung um rote Riesensterne verwendet.

Die chemische Zusammensetzung des Sterns Mu Cephei wird von Astronomen und Astrophysikern auf der ganzen Welt gut untersucht und ist dafür bekannt, dass sie sich stark von der chemischen Zusammensetzung der Sonne unterscheidet.

Spektroskopische Analysen zeigen, dass der Stern eine sehr geringe Häufigkeit von Elementen aufweist, die schwerer als Helium sind und in der Astronomie als „Metalle" bekannt sind. Das Verhältnis von Eisen zu Wasserstoff beträgt beispielsweise nur etwa 0,06 % des Solarverhältnisses. Dies deutet darauf hin, dass der Stern Mu Cephei ein zweiter Populationsstern ist, der aus sehr altem, metallarmem Gas entstanden ist.

Dieser Stern hat einen Überschuss an Kohlenstoff gegenüber Sauerstoff, was darauf hindeutet, dass der Stern irgendwann in seiner Entwicklung einer tiefen konvektiven Mischung unterzogen wurde. Dieser Prozess könnte stattgefunden haben, als der Stern in seinem Kern Helium zu Kohlenstoff und Sauerstoff verschmolz und diese Elemente dann zu den Oberflächenschichten des Sterns transportierte.

Andere im Stern nachgewiesene chemische Elemente sind Wasserstoff, Helium, Lithium, Kohlenstoff, Sauerstoff, Stickstoff, Natrium, Magnesium, Aluminium, Silizium, Schwefel, Kalzium, Titan und Eisen. Die chemische Zusammensetzung des Sterns Mu Cephei ist wichtig, um die Sternentwicklung in Sternen der zweiten Population zu verstehen und sie mit der chemischen Zusammensetzung anderer Sterne in der Milchstraße zu vergleichen.

Die Umlaufbahn des Sterns Mu Cephei ist nicht gut bekannt, da er ein Einzelstern ist und keinen bekannten stellaren Begleiter hat. Studien können jedoch die Radialgeschwindigkeit des Sterns schätzen, d. h. die Geschwindigkeit, mit der er sich von der Erde weg oder auf die Erde zubewegt, basierend auf der Doppler-Verschiebung der Spektrallinien in seinem Spektrum. Dies kann Informationen über die durchschnittliche Umlaufgeschwindigkeit des Sterns relativ zum Zentrum der Milchstraße liefern.

Die Radialgeschwindigkeit des Sterns Mu Cephei ist relativ gering, etwa 14,5 km/s relativ zur Sonne. Dies deutet darauf hin, dass der Stern das Zentrum der Milchstraße auf einer relativ kreisförmigen Umlaufbahn umkreist, da Sterne mit eher elliptischen Umlaufbahnen im Allgemeinen variablere Radialgeschwindigkeiten aufweisen.

Was die Rotation des Sterns Mu Cephei betrifft, glauben Astronomen, dass der Stern wahrscheinlich eine sehr langsame Rotation hat, da rote Riesensterne aufgrund der Ausdehnung ihrer äußeren Schichten normalerweise sehr langsame Rotationen haben. Die Rotation des Sterns kann aus der Breite der Spektrallinien in seinem Spektrum geschätzt werden, die bei den am schnellsten rotierenden Sternen breiter sind. Diese Spektrallinien in roten Riesensternen sind jedoch aufgrund der niedrigen Oberflächentemperatur des Sterns oft sehr breit, was es schwierig macht, die Rotation des Sterns genau zu messen.

VY CANIS MAJORIS

Der Stern VY Canis Majoris ist einer der faszinierendsten und rätselhaftesten Sterne, die je entdeckt wurden. Dieser Stern befindet sich im Sternbild Großer Hund, etwa 1,2 KPC (Kiloparsec) von der Erde entfernt, und ist einer der größten und leuchtendsten, die der Menschheit bekannt sind. In diesem Kapitel werden wir die Eigenschaften, die Entdeckungsgeschichte und Geheimnisse rund um VY Canis Majoris untersuchen.

Entdeckung und Eigenschaften von VY Canis Majoris;

VY Canis Majoris wurde 1801 von Jérôme Lalande, einem französischen Astronomen, entdeckt, als er eine Vermessung von Sternen durchführte. Zu dieser Zeit listete Lalande den Stern als den zweiundzwanzigsten hellsten im Sternbild Canis Major auf.

Heute wissen wir, dass VY Canis Majoris ein überriesiger roter veränderlicher Stern ist, der in eine fortgeschrittene Phase seiner Sternentwicklung eintritt. Er wird als Stern des Spektraltyps M klassifiziert und hat eine geschätzte Masse von etwa dem 20-fachen der Sonne.

Der Durchmesser von VY Canis Majoris ist enorm, etwa 2.000 Mal so groß wie der der Sonne. Befände er sich im Zentrum unseres Sonnensystems, würde sein Radius bis zur Jupiterbahn reichen. Sein Volumen entspricht etwa dem 5-Milliarden-fachen des Volumens der Sonne. Um eine Vorstellung von der Größe dieses Sterns zu bekommen: Wenn VY Canis Majoris in unserem Sonnensystem platziert wäre, wäre die Entfernung zwischen ihm und der Erde nur halb so groß wie die Entfernung zwischen Sonne und Pluto.

VY Canis Majoris ist auch einer der leuchtendsten Sterne im bekannten Universum und emittiert Lichtenergie, die etwa 500.000 Mal so hoch ist wie die der Sonne. Allerdings wird diese enorme Leuchtkraft hauptsächlich im Infraroten abgestrahlt, wodurch der Stern dunkler wird. im sichtbaren Spektrum.

Geheimnisse und Kuriositäten über VY Canis Majoris

VY Canis Majoris ist ein so großer und komplexer Stern, dass Wissenschaftler immer noch nicht vollständig verstehen, wie er funktioniert. Eine der großen Fragen ist, wie ein so großer Stern es schafft, stabil zu bleiben, da die Anziehungskraft des Sterns so stark sein müsste, dass er in sich zusammenfallen würde. Darüber hinaus emittiert der Stern eine enorme Menge an Material, einschließlich Staub und Gas, was die Frage aufwirft, wie dies bei einem so massereichen Stern möglich ist.

Eine weitere Kuriosität von VY Canis Majoris ist, dass es sich um einen variablen Stern handelt, was bedeutet, dass sich seine Leuchtkraft im Laufe der Zeit ändert, bei einigen Gelegenheiten ist der Stern heller geworden als jeder andere bekannte Stern, während er bei anderen gedimmt ist, was ihn fast unsichtbar macht...

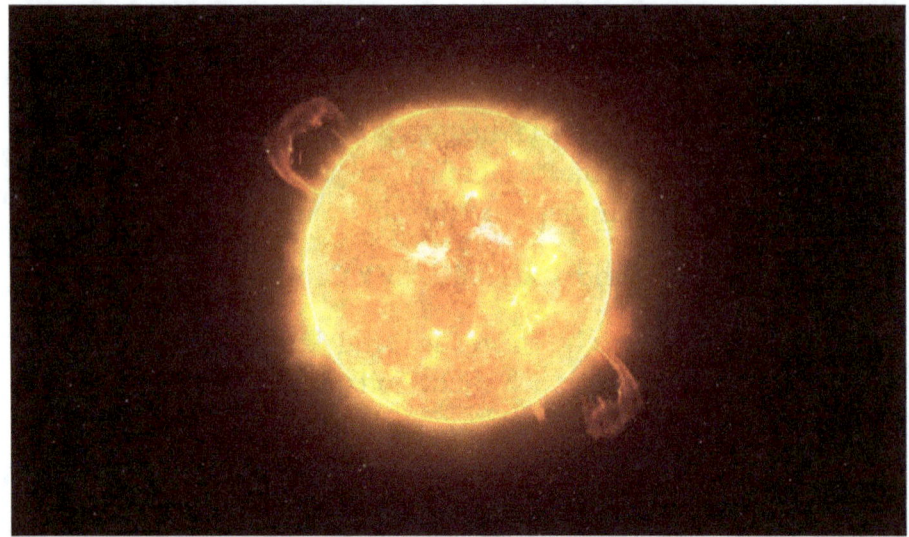

Eine weitere interessante Kuriosität von VY Canis Majoris ist, dass er eine große Menge an Material zwischen Staub und Gas abgibt, das sich in dem ihn umgebenden Raum ausbreitet. Astronomen glauben, dass dieses Material das Ergebnis intensiver stellarer Aktivität auf der Oberfläche des Sterns ist und dass es eine Phase intensiven Massenverlusts durchläuft.

Die Umlaufbahn von VY Canis Majoris ist etwas schwierig zu definieren, da der Stern ein Einzelgänger ist und keinen nahen stellaren Begleiter hat. Wissenschaftler konnten jedoch feststellen, dass er sich mit einer Geschwindigkeit von etwa 22 km/s auf das Zentrum der Milchstraße, unserer Galaxie, zubewegt. Darüber hinaus gilt er als Hochgeschwindigkeitsstern, was bedeutet, dass er sich relativ zu unserem Sonnensystem mit einer Geschwindigkeit bewegt, die viel größer ist als der Durchschnitt der Sterne in der Galaxie.

In Bezug auf die Rotation von VY Canis Majoris ist es wichtig zu beachten, dass rote Überriesensterne im Vergleich zu kleineren, jüngeren Sternen sehr langsam rotieren. Dies liegt daran, dass diese Sterne eine stark ausgedehnte Atmosphäre haben, was bedeutet, dass die Oberfläche des Sterns sehr weit vom Kern entfernt ist, wo die Rotation stattfindet. Darüber hinaus wäre es sehr schwierig, die Rotation eines so massereichen Sterns mit den derzeitigen Beobachtungstechniken genau zu messen.

Einige Studien haben jedoch gezeigt, dass es sich möglicherweise langsam um seine Achse dreht. Eine Studie aus dem Jahr 2015 deutete beispielsweise an, dass sich der Stern mit einer Geschwindigkeit von nur 1 km/s drehen könnte, was extrem langsam ist im Vergleich zur Rotationsgeschwindigkeit der Sonne, die etwa 2 km/s beträgt.

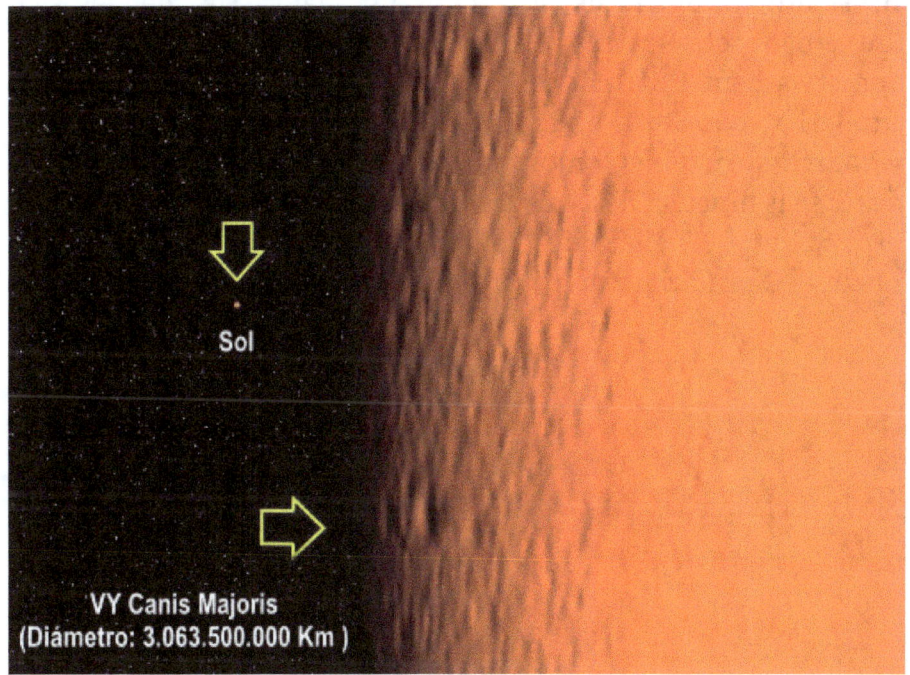

Die chemische Zusammensetzung von VY Canis Majoris ähnelt der anderer roter Überriesensterne, mit einer Mischung aus leichten Elementen wie Wasserstoff und Helium und schwereren Elementen wie Kohlenstoff, Sauerstoff und Eisen. Aufgrund seiner Größe enthält der Stern jedoch auch Elemente, die bei anderen Sternen relativ selten sind, wie Technetium und Lithium. Darüber hinaus ist VY Canis Majoris als veränderlicher

Stern bekannt, was bedeutet, dass seine Leuchtkraft und Oberflächentemperatur im Laufe der Zeit schwanken. Dies kann die chemische Zusammensetzung des Sterns beeinflussen, da die Kernreaktionen, die in seinem Kern stattfinden, zu verschiedenen Zeiten unterschiedlich sein können. Tatsächlich deuten einige Studien darauf hin, dass VY Canis Majoris in seinem Kern möglicherweise einen Prozess der Fusion schwererer Elemente durchläuft, was zu einer erheblichen Produktion von noch schwereren Elementen führen könnte.

Hinsichtlich der Physik von VY Canis Majoris handelt es sich um einen sehr großen Stern mit einem geschätzten Radius von etwa dem 1.800-fachen des Sonnenradius. Aufgrund dieser Größe hat der Stern eine sehr geringe Oberflächengravitation, wodurch sich seine Atmosphäre ausdehnt. weit über den Kern des Sterns hinaus. Diese ausgedehnte Atmosphäre ist für viele der beobachteten Eigenschaften des Sterns verantwortlich, wie seine niedrige Oberflächentemperatur und seine hohe Leuchtkraft.

RW CEFEI

Der Stern RW Cephei, auch bekannt als V712 Cephei, ist ein veränderlicher Stern im Sternbild Cepheus. Mit einer scheinbaren Helligkeit von 5,7 bis 11,5 ist er einer der hellsten bekannten Sterne der Milchstraße. Der Stern wird als Roter Überriese klassifiziert und gehört zur Spektralklasse M3-M5.

Die erste Erwähnung von RW Cephei erfolgte 1895 durch den amerikanischen Astronomen Edward Pickering, der ihn in eine Liste veränderlicher Sterne aufnahm. Seitdem wurde der Stern von Astrophysikern und Astronomen aus der ganzen Welt umfassend untersucht und überwacht.

Das Hauptmerkmal, das RW Cephei so interessant macht, ist seine Variabilität. Seine scheinbare Helligkeit variiert unregelmäßig in Perioden, die von wenigen Tagen bis zu einigen Jahrzehnten dauern können. Kurzfristige Variationszyklen (von einigen Tagen bis zu einigen Wochen dauernd) werden durch Expansions- und Kontraktionsimpulse des Sterns verursacht, während langfristige Zyklen (über Jahrzehnte dauernd) durch Veränderungen in der inneren Struktur des Sterns verursacht werden können oder durch den Einfluss eines Begleitsterns.

Neben der Variabilität sind weitere interessante Merkmale von RW Cephei seine Masse, sein Radius und seine Temperatur. Jüngste Schätzungen gehen davon aus, dass die Masse des Sterns etwa das 25-fache der Sonne beträgt, während sein Radius etwa das 1.200-fache des Sonnenradius beträgt. Das bedeutet, wenn der Stern an der Stelle der Sonne platziert würde, würde er über die Umlaufbahn der Sonne hinausragen. Jupiters Temperatur ist für einen so massereichen Stern mit einer effektiven Temperatur von etwa 3.500 K relativ niedrig.

Der Stern ist auch als Quelle von Radioemissionen bekannt. Die Radioemissionen werden durch Elektronen verursacht, die in Magnetfeldern in der Atmosphäre des Sterns beschleunigt werden. Jüngste Studien deuten darauf hin, dass RW Cephei möglicherweise eine Quelle für Röntgenstrahlung erzeugt, möglicherweise aufgrund der Wechselwirkung mit einem Begleitstern.

In Bezug auf die Sternentwicklung nähert sich RW Cephei dem Ende seines Lebens. Es ist bekannt, dass Rote Überriesen thermonukleare Explosionen erleiden, die den Ausstoß ihrer äußeren Atmosphäre und die Bildung planetarischer Nebel verursachen können. RW Cephei hat jedoch noch keine unmittelbaren Anzeichen einer thermonuklearen Explosion gezeigt.

RW Cephei befindet sich in einer Entfernung von etwa 4 KPC (Kiloparcescs) von der Erde. Diese Entfernung ist sehr groß und erschwert die direkte Beobachtung des Sterns, aber Astronomen können ihn mit Hilfe von Teleskopen und empfindlichen Instrumenten wie Weltraumteleskopen untersuchen. Diese Entfernung von der Erde ist einer der Gründe, warum noch viel über diesen Stern und andere rote Überriesen entdeckt werden muss. Die Astronomie entwickelt weiterhin neue Technologien und Techniken, um Entfernungsherausforderungen zu überwinden und mehr über diese faszinierenden und komplexen Sterne zu erfahren.

In Bezug auf die chemische Zusammensetzung ist RW Cephei ein Stern, der extrem reich an schweren Elementen wie Kohlenstoff, Sauerstoff und Metallen ist. Diese Elemente werden innerhalb des Sterns durch Kernreaktionen produziert, die bei hohen Temperaturen und Drücken stattfinden.

Es ist auch bekannt, dass es eine große Menge Staub in seiner Atmosphäre enthält. Dieser Staub besteht aus mikroskopisch kleinen Feststoffkörnern wie Silikaten und Graphit, die sich in den äußersten Schichten des Sterns bilden. Das Vorhandensein von Staub kann die Lichtemission des Sterns beeinflussen und im Laufe der Zeit zu Schwankungen seiner Leuchtkraft führen.

Darüber hinaus ist RW Cephei ein Stern, der für seine starken Sternwinde bekannt ist. Diese Winde werden durch geladene Teilchen gebildet, die mit hoher Geschwindigkeit von der Oberfläche des Sterns geschleudert werden. Sternwinde sind für den Transport von Material vom Stern zum interstellaren Medium verantwortlich und tragen zur Bildung neuer Sterne und Planeten bei.

Da es sich um einen einsamen roten Überriesenstern handelt, bedeutet dies, dass er keine anderen Sterne umkreist. Er befindet sich in der Milchstraße und bewegt sich zusammen mit anderen Sternen auf einer Bahn um das galaktische Zentrum.

Die Umlaufgeschwindigkeit von RW Cephei wird von der Massenverteilung in der Galaxie beeinflusst, einschließlich der Masse der Dunklen Materie, die Astronomen noch nicht kennen.

In Bezug auf die Rotation ist bekannt, dass die Roten Überriesen eine niedrige Rotationsrate haben, da diese Sterne eine sehr dicke und ausgedehnte Atmosphäre haben, die dazu führt, dass sich die Rotation des Sterns aufgrund der Reibung zwischen ihnen verlangsamt. die äußeren Schichten des Sterns und das interstellare Medium. . Darüber hinaus kann das Vorhandensein starker Magnetfelder die Rotation des Sterns weiter beeinflussen.

Die Rotation von Sternen ist ein wichtiger Parameter, um zu verstehen, wie sie sich im Laufe der Zeit entwickeln, und die niedrige Rotationsrate von RW Cephei ist ein wichtiger Faktor, der bei Studien zu seiner Entwicklung und seinem Verhalten berücksichtigt werden muss. Präzise Beobachtungen der Radialgeschwindigkeit des Sterns können verwendet werden, um seine Rotationsgeschwindigkeit abzuschätzen, aber dies kann aufgrund der Komplexität der dichten Atmosphäre des Sterns und der Einschränkungen der derzeit verfügbaren Beobachtungstechniken schwierig sein.

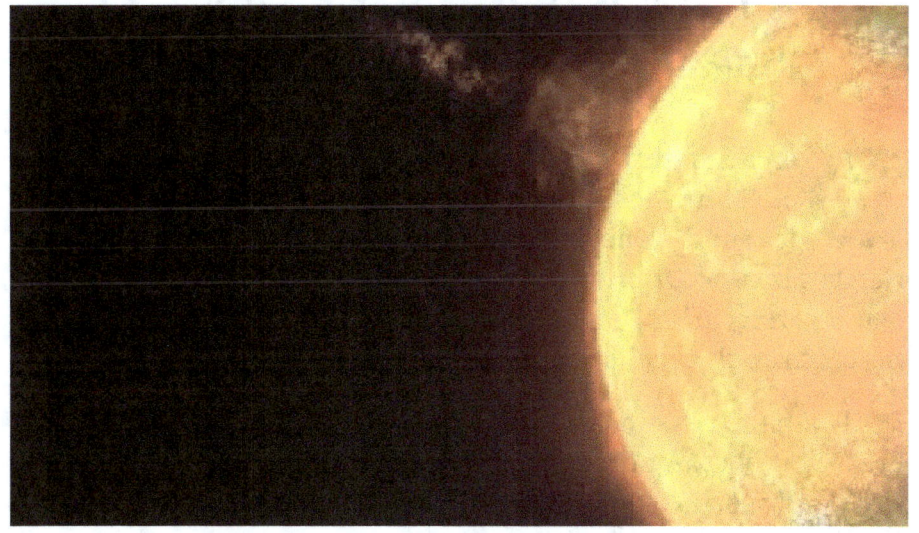

POLARSTERN (POLARIS, A UMI, A URSAE MINORIS, ALPHA URSAE MINORIS)

D er Polarstern, auch Nordstern oder Polaris genannt, ist ein Stern, der von der Nordhalbkugel der Erde aus sichtbar ist und eine Schlüsselrolle bei der astronomischen Navigation und Orientierung spielt. In diesem Kapitel werden wir den Polarstern im Detail besprechen, einschließlich seiner Lage, Geschichte, physikalischen Merkmale und kulturellen Bedeutung.

Der Polarstern ist ein Stern der F7-Klasse im Sternbild Ursa Minor. Er ist von überall nördlich des Äquators sichtbar und als solcher ein wichtiger Bezugsstern für Navigatoren und Astronomen gleichermaßen. Die Position des Nordsterns ist ziemlich stabil, was ihn zu einem zuverlässigen Instrument zur Bestimmung der Nordrichtung macht. Allerdings ist der Nordstern nicht der hellste Stern am Nachthimmel, aber er ist relativ einfach zu identifizieren, da er dem Punkt, an dem sich alle Längengrade treffen, am nächsten liegt.

Die Geschichte des Polarsterns reicht Tausende von Jahren zurück. Im antiken Griechenland war der Stern als „Phoenice" bekannt, was „Phönix" bedeutet, und galt als Symbol für Erneuerung und Auferstehung. In der nordischen Mythologie wurde der Polarstern mit einer Göttin namens Frigg in Verbindung gebracht, die als Wächterin des Himmels und der Sterne galt. In der chinesischen Kultur war der Polarstern als „Zhen" bekannt, was „wahrer Norden" bedeutet, und galt als Symbol für Führung und Stabilität.

Die physikalischen Eigenschaften von North Star sind ebenfalls sehr interessant. Es ist ein gelb-weißer Stern mit einer scheinbaren Helligkeit von etwa +2,0. In Bezug auf die Größe ist es etwa 6-mal größer als die Sonne und hat eine Oberflächentemperatur von etwa 6.000 Grad Celsius. Der Polarstern ist auch ein Doppelstern, der aus zwei kleineren Sternen besteht, die sich umkreisen.

Der Polarstern wird seit Jahrhunderten für die astronomische Navigation verwendet. Im Laufe der Geschichte haben die Menschen den Stern verwendet, um die Richtung nach Norden zu bestimmen und die Land- und Seenavigation zu unterstützen. Mit der Erfindung des Astrolabiums und des Sextanten wurde der Nordstern noch nützlicher für die Navigation.

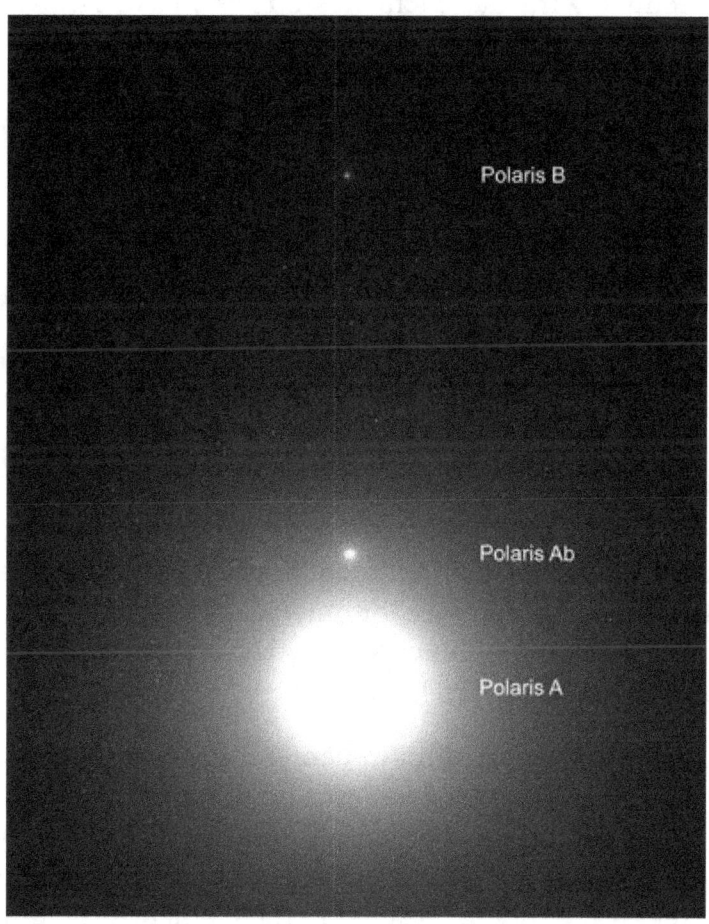

Sterne wie Polaris entstehen aus interstellaren Gas- und Staubwolken, die unter ihrer eigenen Schwerkraft zusammenbrechen. Wenn der Kern dieser Wolke dicht und heiß genug wird, beginnt er, Wasserstoff zu Helium zu verschmelzen, wodurch der Prozess der Kernfusion beginnt. Während dieses Prozesses wird Energie freigesetzt und eine Reihe von Kernreaktionen finden statt, wodurch schwerere chemische Elemente entstehen.

Die chemische Zusammensetzung des Nordsterns wird durch die Spektralanalyse des von ihm emittierten Lichts bestimmt. Bei dieser Technik wird das Licht des Sterns in ein Farbspektrum gestreut, anhand dessen bestimmt werden kann, welche chemischen Elemente in welcher Menge im Stern vorhanden sind. Zu den chemischen Elementen, aus denen North Star besteht, gehören Wasserstoff, Helium, Kohlenstoff, Stickstoff, Sauerstoff, Neon, Magnesium, Silizium, Schwefel, Eisen, Nickel und andere schwerere Elemente.

Wasserstoff ist mit rund 71 % seiner Gesamtmasse das am häufigsten vorkommende Element im Polarstern. Helium ist mit etwa 27 % seiner Gesamtmasse das zweithäufigste Element, die anderen chemischen Elemente sind mit weniger als 1 % seiner Gesamtmasse in viel geringeren Mengen vorhanden.

Die chemische Zusammensetzung des Polarsterns ist wichtig, weil sie uns hilft zu verstehen, wie sich Sterne entwickeln. Wenn ein Stern altert und seinen Kernbrennstoff verbraucht, beginnt er, schwerere Elemente miteinander zu verschmelzen, wodurch neue chemische Elemente entstehen.

Diese Elemente werden dann in den Weltraum freigesetzt, wenn der Stern als Supernova explodiert und das interstellare Medium mit neuen chemischen Elementen anreichert. Die Analyse der chemischen Zusammensetzung von Sternen wie North Star hilft uns, besser zu verstehen, wie chemische Elemente entstehen und im Universum verteilt werden.

Nach den neuesten Messungen befindet sich North Star etwa 434 Lichtjahre von der Erde entfernt. Das bedeutet, dass das Licht des Sterns etwa 434 Jahre braucht, um uns zu erreichen.

Die Bestimmung der Entfernung zum Polarstern erfolgte mit verschiedenen astronomischen Techniken. Eine der am weitesten verbreiteten Techniken ist die Sternparallaxe.[6]. Mit dieser Technik konnten Astronomen die Entfernung zum Nordstern mit einer Genauigkeit von etwa 1 % messen.

Hinsichtlich seiner Umlaufbahn ist der Polarstern ein Einzelstern, das heißt, er hat keine nahen Begleiter. Er kreist zusammen mit unserer Sonne und Milliarden anderer Sterne um das Zentrum der Milchstraße. Seine Umlaufbahn dauert etwa 25,4 Millionen Jahre und seine Geschwindigkeit relativ zum Zentrum der Galaxie beträgt etwa 19,5 km/s.

In Bezug auf seine Rotation ist er ein langsam rotierender Stern, er dreht sich in etwa 25,4 Tagen um seine eigene Achse, was im Vergleich zu anderen ähnlichen Sternen relativ langsam ist. Diese langsame Rotation lässt sich durch das fortgeschrittene Alter des Sterns erklären, das auf etwa 70 Millionen Jahre geschätzt wird.

Erwähnenswert ist, dass der Polarstern seine Position sehr nahe am Himmelsnordpol hat, dem imaginären Punkt am Himmel, um den sich die Sterne aufgrund der Erdrotation zu drehen scheinen.

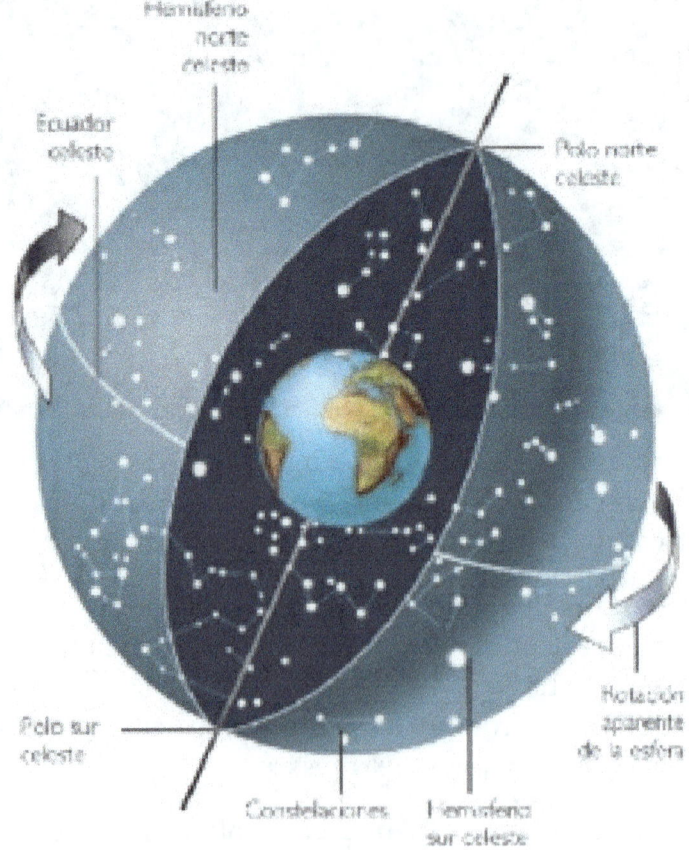

CYGNI NML-V1489 CIGNI

D er Stern NML Cygni ist einer der größten und hellsten Sterne, die der Mensch kennt. Er befindet sich im Sternbild Cygnus, etwa 1,6 KLP (Kiloparsec) von der Erde entfernt, und ist ein roter Überriese mit einem geschätzten Radius von etwa dem 1.800-fachen des Sonnenradius.

NML Cygni wurde 1965 von einem Team von Astronomen unter der Leitung von Neugebauer, Martz und Leighton entdeckt und hat seinen Namen von den letzten Initialen der Entdecker. Seitdem wurde der Stern aufgrund seiner außergewöhnlichen Größe und Helligkeit von vielen Astronomen untersucht.

Eines der bemerkenswertesten Merkmale von NML Cygni ist seine Helligkeit. Es strahlt eine enorme Energiemenge aus, die etwa der 500.000-fachen Leuchtkraft der Sonne entspricht. Dies macht ihn zu einem der hellsten Sterne, die mit bloßem Auge sichtbar sind. Seine Temperatur ist auch ziemlich hoch und erreicht an der Oberfläche etwa 3.300 Grad Celsius.

Außerdem ist NML Cygni ein variabler Stern, was bedeutet, dass sich seine Leuchtkraft und Temperatur im Laufe der Zeit ändern. Es durchläuft einen Zyklus regelmäßiger Impulse mit einer Dauer von etwa 940 Tagen, was seine zukünftige Entwicklung beeinflussen kann.

Astronomen glauben, dass sich dieser Stern in der Endphase seines Lebens befindet, was bedeutet, dass ihm in seinem Kern der Treibstoff ausgeht. Dadurch verliert er an Masse, und es wird geschätzt, dass er pro Jahr etwa ein Millionstel einer Sonnenmasse verliert. Dieser Massenverlust ist so groß, dass der Stern eine Gaswolke um sich herum ausstoßen könnte, die als zirkumstellare

Hülle bezeichnet wird.

Cygni NML könnte auch wichtige Auswirkungen auf das Verständnis der Sternentstehung und Sternentwicklung haben. Astronomen untersuchen den Stern, um zu verstehen, wie Überriesensterne entstehen und sich entwickeln und wie Sterne wie NML Cygni schließlich als Supernovae explodieren könnten.

Die chemische Zusammensetzung des Sterns ist nicht vollständig bekannt, da es schwierig ist, genaue Informationen über seine inneren Schichten zu erhalten. Aus spektroskopischen Studien haben Astronomen jedoch einige Informationen über die in der Atmosphäre des Sterns vorhandenen Elemente.
NML Cygni wird als roter Überriesenstern klassifiziert, was bedeutet, dass er reich an Wasserstoff und Helium ist, den am häufigsten vorkommenden Elementen im Universum. Darüber hinaus wurden weitere Elemente wie Kohlenstoff, Sauerstoff, Stickstoff, Eisen und Silizium nachgewiesen, wenn auch in deutlich geringeren Mengen.

Die schwereren Elemente wie Eisen und Silizium werden normalerweise im Kern von Sternen durch Kernreaktionen produziert, die während der Kernfusion stattfinden.

In Überriesensternen wie NML Cygni können diese Elemente jedoch in den äußeren Schichten des Sterns durch einen Prozess namens Nukleosynthese produziert werden.[7]konvektiv

Da es sich in der Endphase seines Lebens befindet, kann es auch chemischen Anreicherungsprozessen unterzogen werden, wie z. B. der Konvektion von schwererem Material von den inneren Schichten zu den äußeren Schichten des Sterns. Diese Prozesse können im Laufe der Zeit zu einer Veränderung der chemischen Zusammensetzung des Sterns führen.

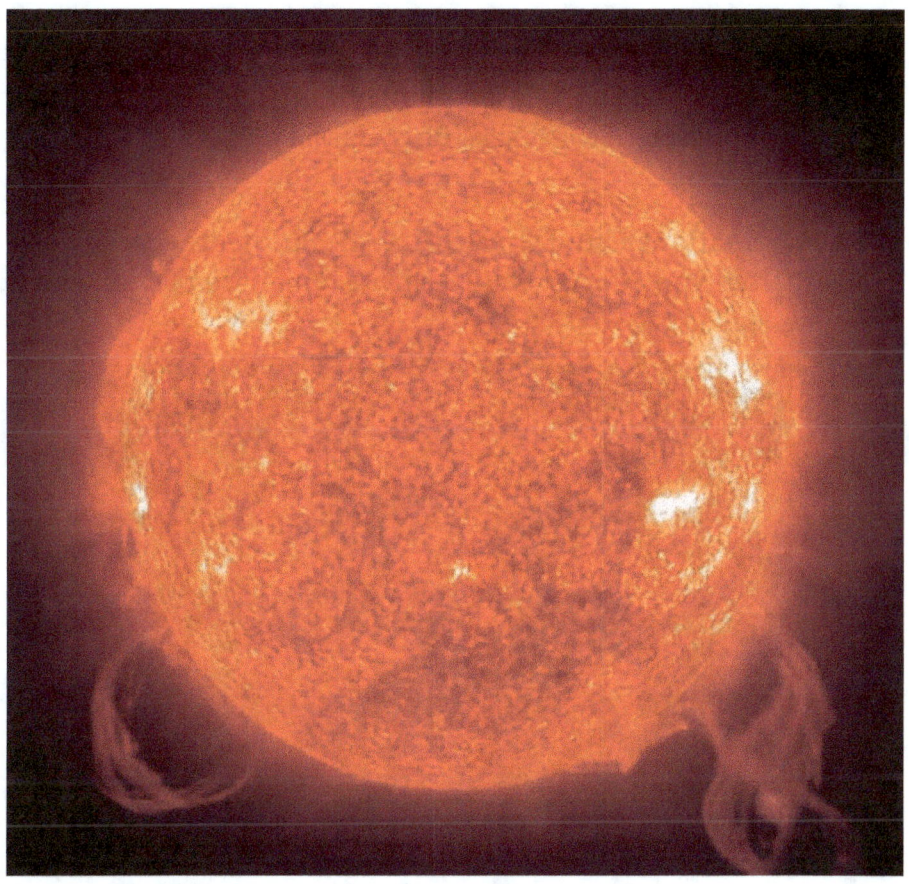

Die Umlaufbahn des Sterns ist nicht genau bekannt, da er weit von der Erde entfernt ist und kein bekanntes Sternensystem hat. Daher ist es schwierig, seine Umlaufbahn relativ zu anderen Sternen oder Himmelskörpern zu bestimmen.

Was die Rotation betrifft, so ist bekannt, dass die NML Cygni eine sehr langsame Rotation hat. Als roter Überriesenstern hat er einen sehr großen Durchmesser und damit eine längere Rotationsdauer. Schätzungen zufolge beträgt die Rotationsgeschwindigkeit weniger als 5 km/s, viel langsamer als die Rotationsgeschwindigkeit der Sonne, die am Äquator etwa 2 km/s beträgt.

Wichtig ist, dass die internen Gravitationskräfte in NML Cygni aufgrund seiner großen Masse und Größe auch seine Rotation beeinflussen können, was dazu führt, dass der Stern mit der Zeit langsamer wird.

Diese Informationen sind wichtig, um die Sternentwicklung und das Verhalten von Sternen in verschiedenen Phasen ihres Lebens zu verstehen.

WESTERLAND 1-26

D er Stern Westerlund 1-26 ist einer der interessantesten und mysteriösesten Sterne, die Astronomen kennen. Dieser Rote Überriese befindet sich in der zentralen Region des Carina-Nebels, etwa 3,52 klp (Kiloparsec) von der Erde entfernt, und hat aufgrund seiner besonderen Eigenschaften die Neugier von Wissenschaftlern auf der ganzen Welt geweckt.

Westerlund 1-26 wurde 1961 vom schwedischen Astronomen Bengt Westerlund entdeckt, der ihn als sehr hellen und ungewöhnlichen Stern identifizierte. Seitdem wurden mehrere Studien durchgeführt, um seine Eigenschaften und Eigenschaften besser zu verstehen.

Eines der Hauptmerkmale des Westerlund 1-26 ist seine Größe. Mit einem geschätzten Durchmesser von etwa dem 1.500-fachen des Sonnendurchmessers ist er einer der größten bekannten Sterne und wird als roter Überriese klassifiziert. Darüber hinaus ist es mit einer scheinbaren Helligkeit von etwa 12 extrem hell, wodurch es durch leistungsstarke Teleskope leicht sichtbar ist.

Eine weitere Besonderheit von Westerlund 1-26 ist seine hohe Temperatur. Studien zeigen, dass seine Oberflächentemperatur 20.000 Grad Celsius erreichen kann, was ihn zu einem der heißesten bekannten Sterne macht. Diese hohe Temperatur ist mit seiner Leuchtkraft verbunden, da es eine große Energiemenge in Form von sichtbarer und ultravioletter Strahlung abgibt.

Darüber hinaus ist Westerlund 1-26 auch ein instabiler Stern, was bedeutet, dass seine Leuchtkraft und Temperatur im Laufe der Zeit schwanken. Diese Instabilität hängt mit seinem astronomisch relativ jungen Alter von rund 3

Millionen Jahren zusammen. Während dieser Zeit hat es mehrere Evolutionsphasen durchlaufen, wie die Verschmelzung schwererer Elemente in seinem Kern und die Ausdehnung seiner Atmosphäre.

Ein weiterer Aspekt, der die Aufmerksamkeit von Astronomen auf sich gezogen hat, ist die Möglichkeit, dass Westerlund 1-26 in seinem Inneren einen Neutronenstern beherbergt. Diese Hypothese basiert auf Beobachtungen, die darauf hindeuten, dass er von einem ringförmigen Nebel umgeben ist, der möglicherweise durch eine Supernova-Explosion entstanden ist. Sollte sich diese Entdeckung bestätigen, wäre sie von großer Bedeutung für das Verständnis der Physik von Neutronensternen und Sternentstehungsprozessen im Allgemeinen.

Die chemische Zusammensetzung des Sterns Westerlund 1-26 ist ein sehr wichtiger Aspekt, um seine Eigenschaften und Entwicklung zu verstehen. Die verfügbaren Informationen zur chemischen Zusammensetzung dieses Sterns sind jedoch begrenzt und noch nicht vollständig bestimmt.

Dieser Stern gilt einigen Studien zufolge als sehr metallreich, was bedeutet, dass er relativ viele schwere Elemente in seiner Atmosphäre enthält. Einige chemische Elemente, die in seiner Atmosphäre identifiziert wurden, sind Wasserstoff, Helium, Kohlenstoff, Stickstoff, Sauerstoff, Silizium und Eisen.
Spektroskopische Beobachtungen von Westerlund 1-26 deuten darauf hin, dass es im Verhältnis zu Wasserstoff eine größere Eisendichte aufweist als die Sonne, was darauf hindeuten könnte, dass es aus mit Metall angereichertem Gas entstanden ist. Eine weitere Information, das Vorhandensein von Kohlenstoff in seiner Atmosphäre, deutet darauf hin, dass es möglicherweise einen konvektiven Mischprozess durchlaufen hat, bei dem die schwereren Elemente aus dem Kern an die Oberfläche transportiert werden.

Aktuelle Beobachtungen liefern jedoch kein klares Bild der chemischen Zusammensetzung von Westerlund 1-26. Weitere Untersuchungen sind erforderlich, um ein umfassenderes Verständnis der Fülle chemischer Elemente in diesem Stern und seiner möglichen Entwicklung im Laufe der Zeit zu erlangen.

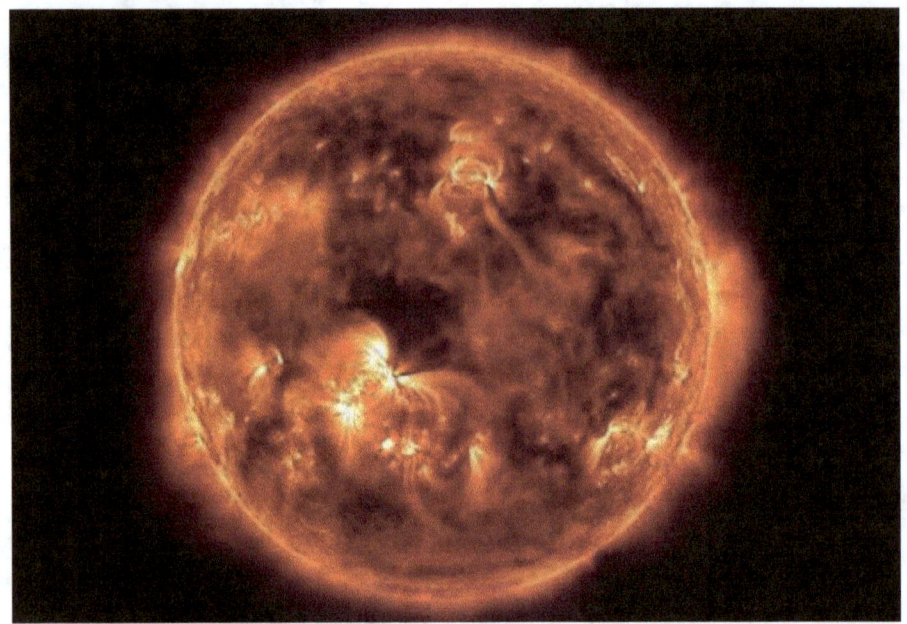

Die Umlaufbahn des Sterns Westerlund 1-26 um das Zentrum des Carinanebels ist noch nicht genau bestimmt worden. Dies liegt daran, dass es sich in einer sehr dichten und turbulenten Region befindet, was es schwierig macht, genaue Beobachtungen zu erhalten. Außerdem befindet sich der Stern in einem sehr kompakten Sternhaufen, was die Bestimmung seiner Umlaufbahn zusätzlich erschwert.

In Bezug auf die Rotation zeigen Studien, dass es eine langsame Rotation mit einer geschätzten Äquatorgeschwindigkeit von etwa 20 km / s hat. Dies ist relativ wenig für einen extrem großen Stern mit einer geschätzten Masse von etwa 20 Sonnenmassen.

Die langsame Rotationsrate von Westerlund 1-26 kann durch die Tatsache erklärt werden, dass es irgendwann in seiner Entwicklung eine Gezeitenkopplung mit einem Begleitstern gegeben haben könnte. Dieser Prozess tritt auf, wenn zwei Sterne nahe genug sind, dass die Schwerkraft des einen die Form des anderen beeinflusst, wodurch ihre Rotationen synchronisiert werden.

Ein weiterer relevanter Faktor ist das Vorhandensein eines starken Magnetfelds auf seiner Oberfläche, das ebenfalls zu einer langsamen Rotation beitragen kann. Dies liegt daran, dass das Magnetfeld des Sterns eine Kraft ausüben kann, die die Rotation des Sterns blockiert und ihn daran hindert, sich schneller zu drehen.

ALPHA AURIGAE (CAPELLA)

Der Capella-Stern ist ein Doppelstern im Sternbild Auriga, etwa 42 Lichtjahre von der Erde entfernt. Mit einer scheinbaren Helligkeit von etwa 0,1 ist er einer der hellsten Sterne am Nachthimmel. Capella ist ein gelber Riesenstern, der etwa 2,5-mal massereicher als die Sonne und etwa 10-mal leuchtender ist. Der Stern ist mit bloßem Auge sichtbar und war einer der am besten untersuchten Sterne von Astronomen.

Der Capella-Stern erhielt seinen Namen von einem lateinischen Wort, das "kleine Ziege" bedeutet, in Anlehnung an das Sternbild Auriga, das einen Wagenlenker darstellt, der Ziegen auf seinem Schoß hält. Der Capella-Stern ist ein Doppelstern, der aus zwei G-Typ-Sternen besteht, die sich in einem durchschnittlichen Abstand von etwa 0,74 AE (astronomische Einheiten) umkreisen. Diese Entfernung entspricht ungefähr der gleichen Entfernung zwischen Sonne und Venus.

Die Umlaufbahn braucht etwa 104 Tage, um eine Umdrehung zu vollenden.
Capella A ist der hellste Stern im System und wird als gelber Riesenstern klassifiziert. Seine Oberflächentemperatur beträgt etwa 4.800 Kelvin und sein Radius etwa das 12-fache des Sonnenradius. Capella B, der zweite Stern im System, ist kleiner und dunkler als Stern A. Er ist ebenfalls ein Stern vom G-Typ, wird aber wie ein Überriesenstern klassifiziert. Seine Oberflächentemperatur beträgt etwa 5.500 Kelvin und sein Radius etwa das Achtfache des Sonnenradius.

Astronomen untersuchten den Capella-Stern mit einer Vielzahl von Techniken, darunter visuelle Beobachtungen, Spektroskopie und Interferometrie. Spektroskopische Beobachtungen haben gezeigt, dass die Sterne Capella A und B in chemischer Zusammensetzung und Alter sehr ähnlich sind, was darauf hindeutet, dass sie sich zusammen gebildet und entwickelt haben. Interferometrische Beobachtungen zeigten, dass Capella A eine ausgedehnte Atmosphäre hat, die für einen Riesenstern erwartet wird.

Der Capella-Stern wird seit Jahrhunderten als Referenzpunkt für die Navigation verwendet. Es war einer von vier Sternen, die als "die nautischen Sterne" bekannt sind und dazu dienten, Seeleuten bei der Orientierung auf See zu helfen. Darüber hinaus wird Capella aufgrund seiner bekannten Leuchtkraft und relativen Nähe zur Erde häufig als Kalibrierungsstern in astronomischen Studien verwendet.

Spektroskopische und interferometrische Beobachtungen haben eine Fülle von Informationen über den Stern ergeben, einschließlich seiner chemischen Zusammensetzung, seines Alters, seiner Temperatur und seiner Größe. Der Capella-Stern ist ein wichtiges Objekt sowohl für die Astronomie als auch für die Navigation und ein hervorragendes Beispiel dafür, wie Astronomen Sterne studieren und verstehen.

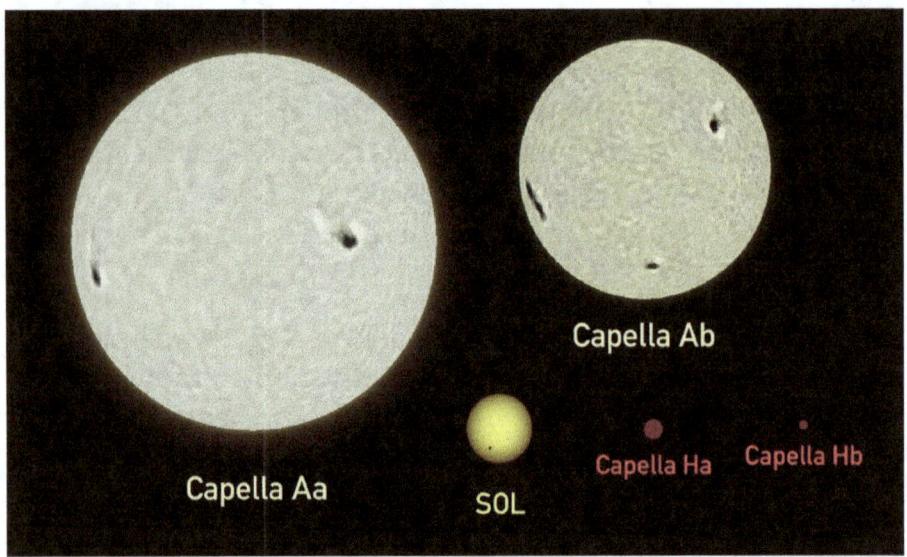

Darüber hinaus ist Capella ein sehr interessantes Sternensystem, um die Entwicklung von Sternen zu studieren. Obwohl die Sterne A und B in chemischer Zusammensetzung und Alter sehr ähnlich sind, haben sie unterschiedliche Größen und Temperaturen, was darauf hindeutet, dass sie sich unterschiedlich entwickelt haben. Es ist bekannt, dass Sterne vom G-Typ eine Phase durchlaufen, in der sie zu roten Riesen werden und sich so stark ausdehnen, dass sie nahegelegene Planeten verschlucken können. Das Studium von Capella könnte Astronomen helfen, besser zu verstehen, wie sich Sterne entwickeln und welche Folgen diese Entwicklung hat.

Spektroskopische Studien des von Sternen emittierten Lichts haben gezeigt, dass sie hauptsächlich aus Wasserstoff und Helium bestehen, den am häufigsten vorkommenden Elementen im Universum. Darüber hinaus wurden Spuren anderer, schwererer Elemente in ihrer Atmosphäre nachgewiesen, darunter Kohlenstoff, Stickstoff, Sauerstoff, Eisen, Silizium, Magnesium und andere.

RMC 136A1

D er Stern RMC 136a1 ist einer der bemerkenswertesten Sterne in unserer Galaxie, der Milchstraße. RMC 136a1 befindet sich im Tarantelnebel in der Großen Magellanschen Wolke und ist einer der massereichsten und hellsten bekannten Sterne mit einer geschätzten Masse von etwa dem 315-fachen der Sonnenmasse. In diesem Kapitel werden wir die Hauptmerkmale des Sterns RMC 136a1 sowie seine Rolle in der Sternentwicklung vorstellen.

Seine physikalischen Eigenschaften zeigen, dass es sich um einen Wolf-Rayet-Stern handelt, eine Klasse sehr massereicher und heißer Sterne, die einen Großteil ihrer äußeren Wasserstoffschichten verloren haben. Die effektive Temperatur des Sterns wird auf etwa 50.000 Kelvin geschätzt, was ihn zu einem der heißesten bekannten Sterne macht. Darüber hinaus hat der Stern eine extrem hohe Leuchtkraft, etwa das 8,7-Millionenfache der Leuchtkraft der Sonne.

RMC 136a1 ist ein Doppelstern, was bedeutet, dass er aus zwei Sternen besteht, die sich gegenseitig umkreisen. Der Begleitstern hat schätzungsweise die 25-fache Masse der Sonne und umkreist den Mutterstern in einem Zeitraum von etwa 20 Tagen.
Dieser Stern spielt eine wichtige Rolle in der Sternentwicklung, insbesondere bei der Entstehung von Schwarzen Löchern. Als sehr massereicher Stern entwickelt sich RMC 136a1 schnell und erschöpft seinen Kernbrennstoff im Vergleich zu weniger massereichen Sternen in relativ kurzer Zeit. Wenn das passiert, kollabiert der Stern und explodiert als Supernova und hinterlässt einen stellaren Überrest.

In diesem Fall wird die Supernova-Explosion wahrscheinlich zur Bildung eines Schwarzen Lochs führen. Darüber hinaus ist RMC 136a1 auch eine wichtige Quelle ionisierender Strahlung im Tarantula-Nebel, was es wichtig macht, die Bildung und Entwicklung von HII-Regionen zu verstehen, die Regionen mit ionisiertem Wasserstoff sind.

Die chemische Zusammensetzung des Sterns RMC 136a1 ist ein sich ständig weiterentwickelndes Forschungsgebiet und noch nicht vollständig verstanden. Studien zeigen jedoch, dass der Stern eine chemische Zusammensetzung hat, die relativ reich an schweren Elementen wie Kohlenstoff, Sauerstoff, Stickstoff, Silizium und Eisen ist.

THE SUN

Durch die Analyse des Spektrums des Sterns konnten die Astronomen feststellen, dass RMC 136a1 im Vergleich zu weniger massereichen Sternen eine relativ geringe Heliumhäufigkeit aufweist. Darüber hinaus weist der Stern auch eine relativ hohe Stickstoffdichte auf, was mit seiner Klassifizierung als Wolf-Rayet-Stern übereinstimmt.

Die Spektralanalyse deutet auch darauf hin, dass der Stern RMC 136a1 an schweren Elementen angereichert sein könnte, die in Supernovae produziert werden, was mit seiner großen Masse und schnellen Entwicklung übereinstimmt. Es sind jedoch weitere Studien erforderlich, um die chemische Zusammensetzung des Sterns und seine Beziehung zu seiner Sternentwicklung vollständig zu verstehen.

UY SCUTI

Der UY Scuti-Stern ist ein faszinierendes astronomisches Objekt, das großes Interesse in der wissenschaftlichen Gemeinschaft und der breiten Öffentlichkeit geweckt hat. Es ist ein roter Überriese im Sternbild Scutum, dessen physikalische Eigenschaften ihn zu einem der größten bekannten Sterne im Universum machen.

Nach aktuellen Schätzungen hat UY Scuti eine etwa 30-fache Masse der Sonne und einen etwa 1.700-fachen Radius der Sonne. Diese Messungen unterliegen jedoch immer noch einer gewissen Unsicherheit, da es schwierig ist, genaue Beobachtungen von so weit entfernten Sternen zu erhalten. Die Entfernung zur Erde beträgt ungefähr 2912,65 Parsec, was bedeutet, dass das von diesem Stern ausgestrahlte Licht mehr als 9.000 Jahre braucht, um uns zu erreichen.

Die Spektralanalyse von UY Scuti hat das Vorhandensein verschiedener chemischer Elemente in seiner Atmosphäre gezeigt, zusätzlich zu Wasserstoff und Helium, wie Kohlenstoff, Sauerstoff, Eisen und anderen Schwermetallen. Diese Elemente entstehen durch Kernreaktionen im Kern des Sterns und werden durch konvektive Prozesse an die Oberfläche transportiert.
Über die Umlaufbahn von UY Scuti um das Zentrum der Milchstraße ist wenig bekannt, aber es wird angenommen, dass sie sich auf einer elliptischen Umlaufbahn bewegt und Millionen von Jahren benötigt, um eine vollständige Umdrehung zu vollenden. In Bezug auf die Rotation des Sterns deuten die Beobachtungen darauf hin, dass es sich um einen langsamen Stern handelt, der etwa 740 Tage für eine vollständige Drehung um seine Achse benötigt. Dieser Wert ist für einen Stern

dieser Größe ziemlich ungewöhnlich, und die Ursachen dieses Phänomens sind noch nicht vollständig geklärt.

Das Verständnis der Struktur und Entwicklung von Sternen wie UY Scuti ist grundlegend für die Untersuchung der Entstehung und Entwicklung von Galaxien und des Universums als Ganzes. Darüber hinaus spielen rote Überriesensterne wie dieser eine wichtige Rolle bei der chemischen Anreicherung des interstellaren Mediums durch die Emission schwerer Elemente, die in ihren Kernen produziert und über Sternwinde durch den Weltraum verbreitet werden.

Schließlich ist es wichtig hervorzuheben, dass die Beobachtung und Untersuchung entfernter Sterne wie UY Scuti unerlässlich sind, um unser Wissen über das Universum und seine Komplexität zu erweitern. Trotz der damit verbundenen technischen Schwierigkeiten haben Fortschritte in der Astronomie es ermöglicht, immer genauere Informationen über diese Objekte zu erhalten, was neue Möglichkeiten zur Erforschung des Universums, in dem wir leben, eröffnet.

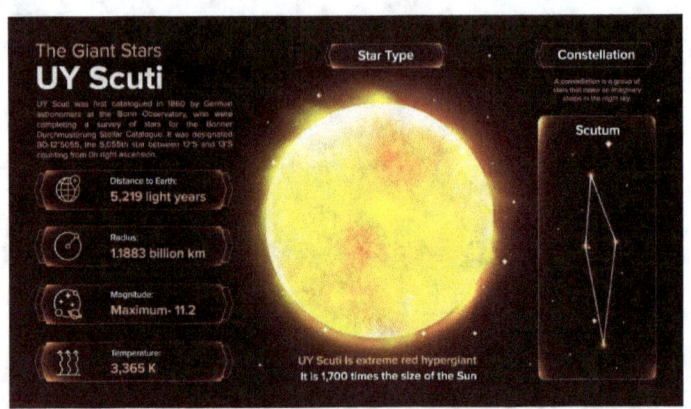

WOH G64

Der Stern WOH G64 ist ein roter Überriese in der Großen Magellanschen Wolke, einer Satellitengalaxie der Milchstraße. Mit einer scheinbaren Helligkeit von etwa 13 ist dieser Stern sehr hell und kann mit mittelgroßen Amateurteleskopen gesehen werden.

Dieser rote Überriese ist einer der größten bekannten Sterne mit einem geschätzten Radius von etwa dem 1.500-fachen des Sonnenradius und auch sehr massereich, mit einer geschätzten Masse von etwa dem 25-fachen der Sonnenmasse.

Außerdem ist WOH G64 ein sehr alter Stern mit einem geschätzten Alter von etwa 10 Millionen Jahren. Die Beobachtung liefert wichtige Informationen zum Verständnis der Sternentwicklung. Rote Überriesen wie dieser Stern sind späte Stadien in der Entwicklung massereicher Sterne und liefern Hinweise auf die Entwicklung massereicher Sterne. Insbesondere WOH G64 ist einer der hellsten bekannten Sterne und kann nützliche Informationen über die Sternentwicklung unter extremen Bedingungen liefern.

Beobachtungen mit Teleskopen im sichtbaren und infraroten Spektrum zeigen interessante Merkmale der Atmosphäre dieses Sterns. Beispielsweise haben spektroskopische Beobachtungen das Vorhandensein einer ausgedehnten Gashülle um den Stern offenbart, die als zirkumstellare Hülle bezeichnet wird. Das Vorhandensein dieser Hülle deutet darauf hin, dass WOH G64 eine intensive Phase des Massenverlusts durchläuft, wobei große Mengen an Gas in seine Umgebung ausgestoßen werden.

Andere Beobachtungen deuten darauf hin, dass dieser Stern als Supernova explodieren könnte. Obwohl es nicht möglich ist, genau vorherzusagen, wann dies geschehen wird, deuten theoretische Modelle darauf hin, dass dies in astronomischer Hinsicht in naher Zukunft geschehen könnte.

Die chemische Zusammensetzung des Sterns WOH G64 ist ein aktives Studienthema unter Astronomen. Die Spektralanalyse des

Sterns deutet jedoch darauf hin, dass seine Atmosphäre reich an Wasserstoff und Helium ist, wie es für Sterne üblich ist. Zusätzlich wurden Spuren von schwereren Elementen wie Kohlenstoff, Sauerstoff und Stickstoff nachgewiesen.

Spektroskopische Beobachtungen des Sterns haben auch das Vorhandensein einiger weniger verbreiteter chemischer Elemente in seiner Atmosphäre offenbart. So wurden beispielsweise Spuren von Lithium, Beryllium und Bor nachgewiesen, die aufgrund ihres geringen Gehalts normalerweise in Sternen schwer nachzuweisen sind. Das Vorhandensein dieser Elemente deutet darauf hin, dass WOH G64 während seiner Sternentwicklung möglicherweise Misch- und chemischen Anreicherungsprozessen unterzogen wurde.

Die Spektralanalyse des Sterns legt nahe, dass er möglicherweise mit Elementen angereichert ist, die durch fortgeschrittene Kernprozesse wie den s-Prozess und den r-Prozess produziert werden. Diese Prozesse finden unter extremen Bedingungen wie Supernovae und Kollisionen von Neutronensternen statt und erzeugen Elemente, die schwerer als Eisen sind. Das Vorhandensein dieser Elemente in WOH G64 kann Hinweise auf den Ursprung dieser Elemente in massereichen Sternen liefern.

JOSÉ RUIZ WATZECK

RIGEL

R igels Stern ist einer der hellsten Sterne, die mit bloßem Auge am Nachthimmel sichtbar sind. Er befindet sich im Sternbild Orion, ist ein blauer Überriesenstern der B-Klasse und hat eine scheinbare Helligkeit von etwa 0,18. Seine Position am Nachthimmel macht ihn sowohl für Amateur- als auch für Berufsastronomen leicht erkennbar.

Der Rigel-Stern hat eine geschätzte Masse von etwa der 23-fachen Masse der Sonne und einen geschätzten Durchmesser von etwa dem 78-fachen des Durchmessers der Sonne. Es ist ein junger Stern, der auf etwa 10 Millionen Jahre geschätzt wird. Zum Vergleich: Die Sonne wird auf etwa 4,6 Milliarden Jahre geschätzt. Rigel ist etwa 860 Lichtjahre von der Erde entfernt.

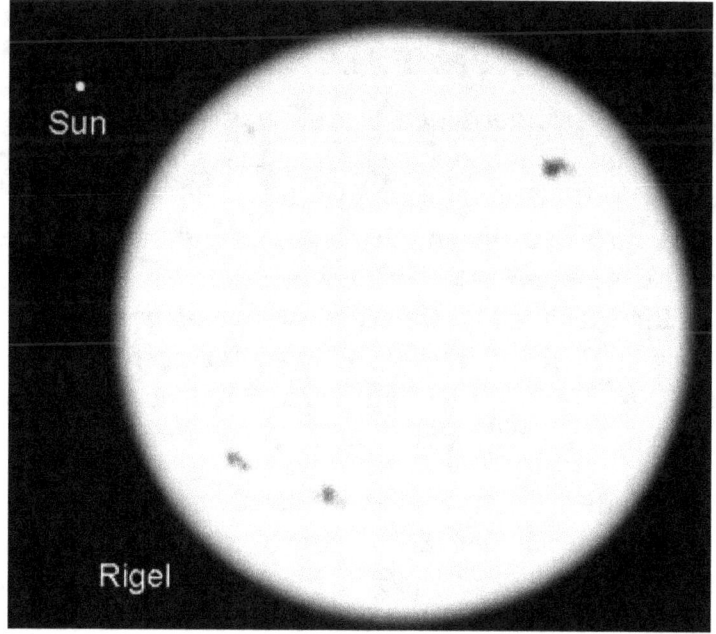

Die hellblaue Farbe des Sterns Rigel weist auf seine relativ hohe Oberflächentemperatur hin, die auf etwa 12.000 Kelvin geschätzt wird. Die hohe Temperatur von Rigel bedeutet, dass es viel ultraviolette und sichtbare Strahlung abgibt. Diese Strahlung ist für die Leuchtkraft des Sterns verantwortlich und ist auch die Energiequelle für die Ionisierung von Gasen im umgebenden interstellaren Medium.

Rigel ist ein veränderlicher Stern, was bedeutet, dass seine Leuchtkraft im Laufe der Zeit leicht variiert. Die Variation der Leuchtkraft des Sterns ist auf die Pulsation seiner Oberfläche zurückzuführen, die als Änderungen in der Breite der Spektrallinien seines Spektrums beobachtet werden kann.
Der Stern Rigel ist auch als binäres System bekannt, das aus einem Hauptstern und einem kleineren Begleiter besteht. Die genaue Natur des Begleiters ist nicht gut verstanden, aber es ist möglich, dass es sich um einen B- oder O-Moll-Stern handelt.

Aufgrund seiner brillanten Leuchtkraft und seiner Lage im Sternbild Orion ist der Stern Rigel seit Jahrhunderten das Beobachtungs- und Studienobjekt der Astronomen. Es ist eine wichtige Informationsquelle zur Sternentwicklung und zur

Sternphysik im Allgemeinen.

Die chemische Zusammensetzung des Sterns Rigel ähnelt der anderer Sterne seiner Klasse. Als blauer Überriesenstern der B-Klasse besteht er wie die meisten Sterne hauptsächlich aus Wasserstoff und Helium. Es enthält jedoch auch erhebliche Mengen an schwereren Elementen wie Kohlenstoff, Stickstoff, Sauerstoff, Silizium und Eisen.

Die schwereren Elemente werden durch Kernfusion im Kern des Sterns produziert, wo Temperaturen und Drücke extrem hoch sind. Während des Lebens eines Sterns wie Rigel durchläuft er eine Reihe von Kernreaktionen, die diese schwereren Elemente produzieren. Wenn der Stern das Ende seines Lebens erreicht, kann er in einer Supernova explodieren, diese Elemente in den Weltraum streuen und die Galaxie mit den Elementen anreichern, aus denen Planeten und andere Lebensformen bestehen.

Die Spektralanalyse des Lichts, das der Stern Rigel aussendet, kann Aufschluss über seine chemische Zusammensetzung geben. Durch Spektroskopietechniken können Astronomen die

Spektrallinien verschiedener Elemente in Ihrer Atmosphäre identifizieren und die relative Häufigkeit dieser Elemente bestimmen.

Im Allgemeinen ist die chemische Zusammensetzung des Sterns Rigel der anderer Sterne seiner Klasse sehr ähnlich, aber die Analyse seiner Spektrallinien kann wichtige Informationen über die Sternentwicklung und die Entstehung von Elementen im Universum liefern.

Der Rigel-Stern hat eine sehr hohe Rotationsrate und dreht sich alle 10,4 Erdtage einmal um seine Achse. Das ist etwa 17-mal schneller als die Rotationsgeschwindigkeit der Sonne. Aufgrund seiner hohen Rotationsgeschwindigkeit ist Rigel ein an den Polen abgeflachter Stern mit einem äquatorialen Durchmesser, der 50 % größer ist als der Poldurchmesser.

Die Umlaufbahn dieses Sterns ist auch für Astronomen von Interesse. Rigel ist ein Einzelstern und nicht Teil eines Doppel- oder Mehrfachsternsystems. Allerdings befindet er sich im Sternbild Orion, das viele helle junge Sterne enthält und sich relativ zu unserem Sonnensystem mit einer Geschwindigkeit von etwa 24,4 km/s bewegt.

Die Umlaufbahn des Sterns Rigel um das galaktische Zentrum der Milchstraße wird auf etwa 250 Millionen Jahre geschätzt. Das bedeutet, dass Rigel seit seiner Entstehung etwa 4 Umlaufbahnen um das galaktische Zentrum absolviert hat. Rigels Position am Nachthimmel ändert sich auch ständig aufgrund der eigenen Bewegung des Sterns im Weltraum. Eigenbewegung ist die scheinbare Änderung der Position eines Sterns am Nachthimmel relativ zu anderen Hintergrundsternen, die durch die tatsächliche Bewegung des Sterns im Weltraum verursacht wird.

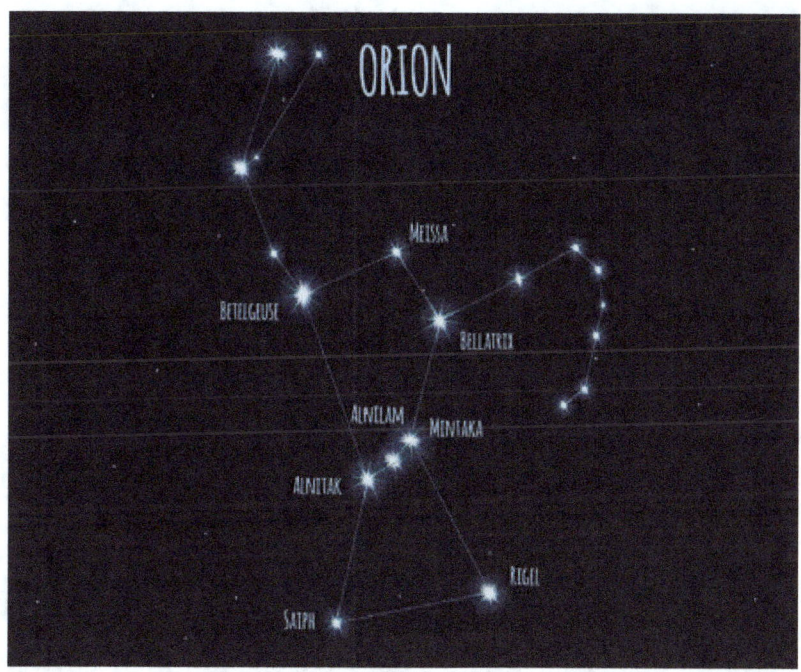

SCHWARZE STERNE

Schwarze Sterne sind ein seltenes und faszinierendes astronomisches Phänomen, das das Interesse der wissenschaftlichen Gemeinschaft geweckt hat. Im Gegensatz zu herkömmlichen Sternen senden schwarze Sterne kein sichtbares Licht aus und sind daher schwer zu erkennen. In diesem Kapitel werden wir diskutieren, was schwarze Sterne sind, wie sie entstehen und welche Rolle sie im Universum spielen.

Was sind die schwarzen Sterne? Schwarze Sterne sind extrem kompakte und dichte Sterne mit einer solchen Masse, dass die Schwerkraft verhindern kann, dass Licht aus ihnen entweicht. Aus diesem Grund geben sie kein sichtbares Licht ab und sind für herkömmliche Teleskope praktisch unsichtbar. Ihre Existenz kann nur durch die Gravitationswirkung nachgewiesen werden, die sie auf andere Sterne und nahe gelegene Himmelsobjekte ausüben.

Diese Sterne entstehen durch die Explosion massereicher Sterne, bekannt als Supernovae. Bei einer Supernova explodiert der Stern und der verbleibende Kern wird durch eine extrem starke Gravitationskraft komprimiert und bildet einen Neutronenstern. Wenn die Masse des Neutronensterns noch höher ist, kann er weiter kollabieren und einen schwarzen Stern bilden.

Diese Sterne spielen eine grundlegende Rolle im Universum, da sie für die Aufrechterhaltung der Stabilität von Galaxien verantwortlich sind. Die Anziehungskraft dunkler Sterne hält Sterne und Planeten in ihrer Nähe in der Umlaufbahn und verhindert, dass sie in den intergalaktischen Raum entkommen. Darüber hinaus spielen Schwarze Sterne möglicherweise auch eine wichtige Rolle bei der Erzeugung kosmischer Strahlung und der Entstehung von Schwarzen Löchern.

Ein dunkler Stern muss keinen Ereignishorizont haben und kann eine Übergangsphase zwischen einem kollabierenden Stern und einer Singularität sein oder auch nicht. Ein dunkler Stern entsteht, wenn Materie mit einer Rate komprimiert wird, die deutlich geringer ist als die Geschwindigkeit des freien Falls eines hypothetischen Teilchens, das in Richtung Zentrum dieses Sterns fällt, da Quantenprozesse eine Vakuumpolarisation erzeugen, die eine Form von degenerativem Druck erzeugt. zu verhindern, dass die Raumzeit (und die darin eingeschlossenen Teilchen) zur gleichen Zeit denselben Raum einnehmen. Diese Energie ist theoretisch unbegrenzt, und wenn sie sich schnell genug aufbaut, verhindert sie, dass der Gravitationskollaps eine Singularität erzeugt. Dies kann eine immer niedrigere Kollapsrate bedeuten,

Ein schwarzer Stern mit einem Radius, der etwas größer ist als der vorhergesagte Ereignishorizont für ein Schwarzes Loch gleicher Masse, erscheint sichtbar sehr schwach, da fast das gesamte erzeugte Licht zum Stern zurückkehrt. Jedes Licht, das entweicht, wird stark von der Schwerkraft beeinflusst und erzeugt bei dieser Helligkeit eine Rotverschiebung (auch als Rotverschiebung bekannt). Es wird fast genau wie ein schwarzes Loch aussehen.

Wird Hawking-Strahlung haben[8], da virtuelle Partikel, die in ihrer Nachbarschaft erzeugt werden, immer noch geteilt werden können, wobei ein Partikel entkommt und das andere eingefangen wird. Darüber hinaus wird es Plancksche Wärmestrahlung erzeugen, die der erwarteten äquivalenten Hawking-Strahlung eines Schwarzen Lochs ähnelt.

Das vorhergesagte Innere eines schwarzen Sterns wird sich aus diesem seltsamen Zustand der Raumzeit zusammensetzen, wobei jede Tiefenlänge nach innen verläuft und genauso aussieht wie ein schwarzer Stern mit gleicher Masse und gleichem Radius ohne Hülle. Die Temperaturen steigen mit der Tiefe zur Mitte hin an.

NEUTRONENSTERNE

Neutronensterne sind eines der faszinierendsten und rätselhaftesten Objekte im Universum. Sie sind kompakte Überreste massereicher Sterne, denen der Kernbrennstoff ausgegangen ist und die durch Gravitation kollabiert sind. Aufgrund ihrer unglaublichen Dichte haben Neutronensterne extreme physikalische Eigenschaften, die sie zu einem Gegenstand von großem Interesse und großem Interesse in der Astrophysik machen.

Neutronensterne entstehen aus Supernovae, die entstehen, wenn ein massereicher Stern seinen gesamten Kernbrennstoff verbraucht und die Anziehungskraft seines Kerns unhaltbar wird. In diesem Moment kollabiert der Kern des Sterns und bildet eine extrem dichte Materiekugel mit einem Durchmesser von etwa 20 Kilometern. Diese Kugel besteht hauptsächlich aus Neutronen, die subatomare Teilchen ohne elektrische Ladung sind, und ist von einer Atmosphäre aus Elektronen und Protonen umgeben.

Die Materiedichte in Neutronensternen ist so hoch, dass ein Teelöffel ihrer Materie auf der Erde Millionen Tonnen wiegen würde. Außerdem drehen sich Neutronensterne sehr schnell, mit Rotationsgeschwindigkeiten von bis zu hundert Mal pro Sekunde. Diese schnelle Drehung ist ein Ergebnis des Prinzips der Drehimpulserhaltung, das bewirkt, dass die Rotationsgeschwindigkeit zunimmt, wenn der Stern schrumpft.

Neutronensterne werden durch ihre Emission elektromagnetischer Strahlung erkannt, die in verschiedenen Bändern des elektromagnetischen Spektrums beobachtet werden kann, einschließlich Röntgenstrahlen, Gammastrahlen und Radiowellen. Diese Strahlung wird durch verschiedene physikalische Prozesse erzeugt, die in Neutronensternen ablaufen, wie z. B. schnelle Rotation, starke Magnetfelder und Wechselwirkungen mit Materie in ihrer Umgebung.

Eine der faszinierendsten Eigenschaften von Neutronensternen ist ihr extrem intensives Magnetfeld, das milliardenfach stärker sein kann als das Magnetfeld der Erde. Dieses starke Magnetfeld erzeugt eine Plasmaregion um den Stern, die als Magnetosphäre bekannt ist, die mit dem interstellaren Medium interagiert und Radioemissionen erzeugen kann.

In diesen Systemen umkreisen die Sterne einen gemeinsamen Massenschwerpunkt und können gravitativ und durch Strahlungsemissionen interagieren, was komplexe und faszinierende Effekte erzeugt.

Neutronensterne können auch Binärsysteme mit anderen Sternen bilden und komplexe Effekte erzeugen. Die Untersuchung von Neutronensternen ist wesentlich für das Verständnis der Hochenergiephysik und des Universums als Ganzes.

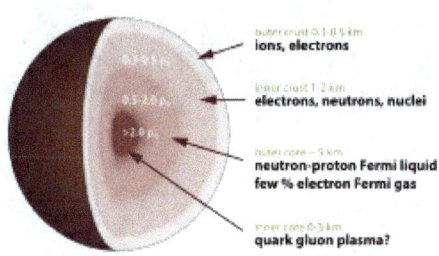

outer crust 0.1-0.5 km
ions, electrons

inner crust 1-2 km
electrons, neutrons, nuclei

outer core ~ 9 km
**neutron-proton Fermi liquid
few % electron Fermi gas**

inner core 0-3 km
quark gluon plasma?

Struktur eines Neutronensterns

Pulsare sind sehr kleine, sehr dichte Neutronensterne. Pulsare können ein Gravitationsfeld haben, das bis zu einer Milliarde Mal so groß ist wie das der Erde. Sie sind wahrscheinlich Überbleibsel von kollabierten Sternen oder Supernovae. Wenn ein Stern an Energie verliert, wird seine Materie zu seinem Zentrum hin komprimiert und immer dichter. Je mehr sich die Materie des Sterns in Richtung seines Zentrums bewegt, desto schneller dreht er sich.

Sie geben einen konstanten Energiefluss ab. Diese Energie wird in einem Strom von konzentriertTeilchenelektromagnetischdie ausgegeben werdenmagnetische Poledes Sterns. Wenn sich der Stern dreht, wird der Energiestrahl von der gestreutRaum, wie das PaketLichtvon aLeuchtturm. Erst wenn der Strahl auf die trifftLandist, dass wir Pulsare durch Radioteleskope erkennen können. Das von Pulsaren in dersichtbares SpektrumEs ist so klein, dass es nicht möglich ist, es zu beobachtenbloßes Auge. Nur Radioteleskope können die starke Energie erfassen, die sie aussenden.

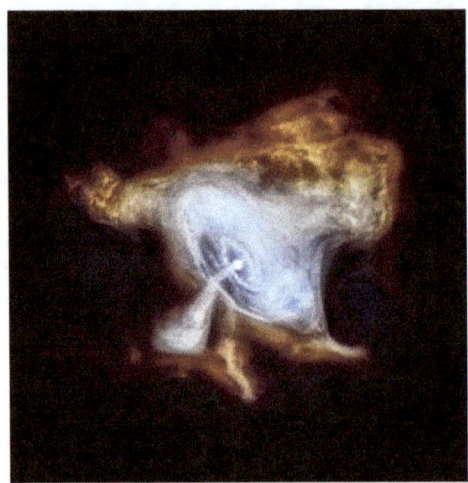

Der Krebspulsar. Dieses Bild kombiniert optische Informationen, die von Hubble (in Rot) gesammelt wurden, und Röntgenbilder von Chandra (in Blau).

der PulsarREP 1913+16ist ein System, das von Neutronensternen mit einem maximalen Abstand von einem einzigen Radius umkreist wirdSolar-zwischen ihnen. Es bewegt sich schnell, und Beobachtungen deuten darauf hin, dass die Umlaufzeit dieses Systems angesichts seines starken Signals relativ schnell abnehmen sollte.Gravitationswelle; seit 1975 hat sich die Periode bereits um 10 Sekunden verkürzt.

Beschleunigungsscheibe,im Falle einessuper neuin einem binären System auftreten, kann die begleitende Supernova einige Schäden an ihren Oberflächenschichten erleiden (und dennoch weiterleben), da jeder Teil der binären Komponente seine eigene tropfenförmige Gravitationskraftdomäne erzeugt, die sich zu einer " 8" bilden aÄquipotentialfläche; Anruf vonRoche-Lappen(alle Punkte haben das gleiche Gravitationspotential). Ein Neutronenstern wird neben einem anderen Nachbarstern aus der Supernova entstehen. Wenn der Nachbarstern eins wirdroter Riese, füllt den Lappen, sein Gas wird spiralförmig in Richtung des Neutronensterns hindurch strömenLagrange-Punktdes Lappens (instabiler Gleichgewichtspunkt, durch den Materie übertragen werden kann). Das Gas, das aufgrund seiner Rotation in den Neutronenstern gesaugt wird, bildet eine dicke Scheibe um ihn herum; eine solche Platte heißtAkkretion.

Die Reibung, die zwischen den Gasschichten in engen Umlaufbahnen entlang der Akkretionsscheibe besteht, führt zu einem Drehimpulsverlust und zu einer spiralförmigen Abwärtsbewegung zur Oberfläche des Neutronensterns. Das spiralförmige Gas bewegt sich in das Gravitationsfeld des Neutronensterns, sodass seine Gravitationsenergie in der Akkretionsscheibe in thermische Energie umgewandelt wird.

Im inneren Teil der Akkretionsscheibe wird die Gravitationsenergie mit größerer Intensität freigesetzt und erreicht eine Durchschnittstemperatur von Millionen Grad. In dieser Region ist eine enorme Energiequelle vorhanden, wo eine große Strahlungsemission, wie ultraviolette Strahlen und Röntgenstrahlen, stattfindet. Der Druck auf den Neutronenstern kann erheblich zunehmen, wenn relativ viel Gas aus der Akkretionsscheibe des Neutronensterns übertragen wird; Auf diese Weise wird Energie angesammelt und so schließlich Gas aus dem Neutronenstern ausgestoßen, was zu starken Gasströmungen in seiner Umlaufbahn führt.

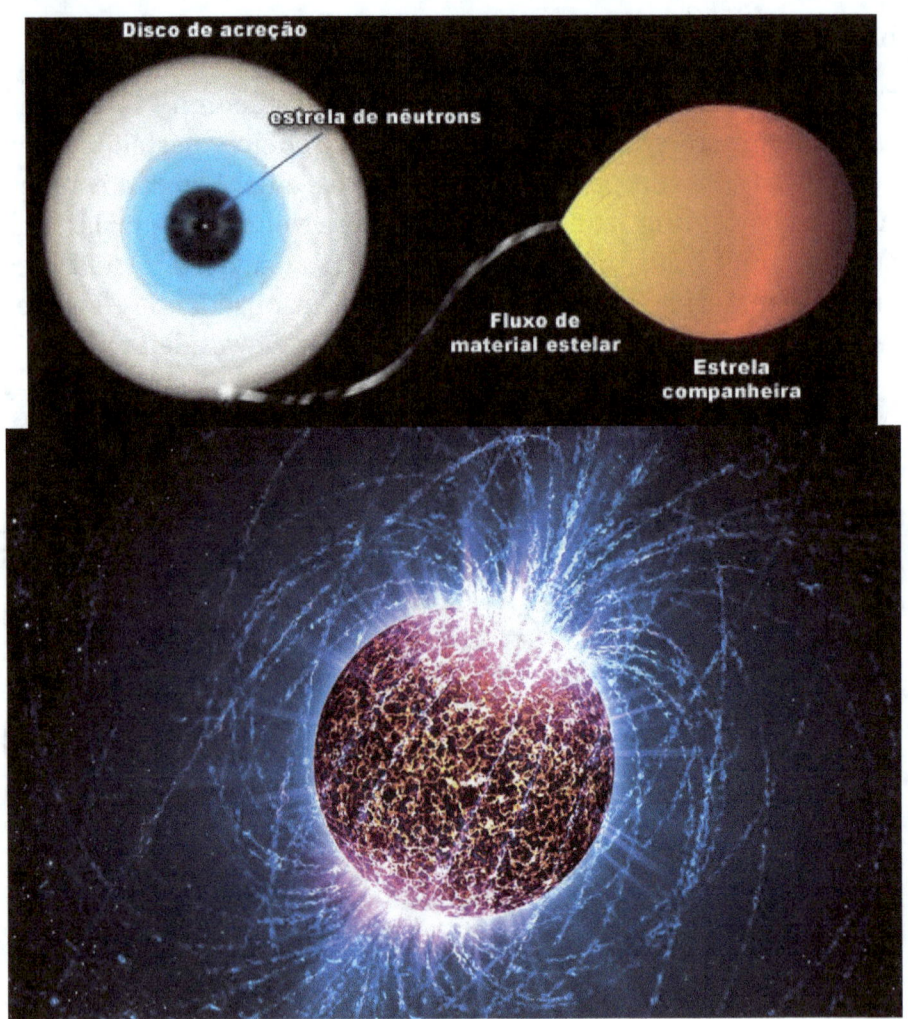

SCHLUSSBETRACHTUNGEN

Am Ende dieses Buches über die Sterne des Universums können wir sagen, dass diese Himmelsobjekte wahre kosmische Wunder sind. Sie sind verantwortlich für die Entstehung chemischer Elemente, für die Erzeugung von Licht und Wärme und sind eines der Hauptelemente, aus denen Galaxien bestehen.

Wir haben gelernt, dass Sterne in Größe, Temperatur, Farbe und Helligkeit variieren können, was ihren Lebenszyklus und ihr letztendliches Schicksal erheblich beeinflussen kann. Einige Sterne explodieren schließlich in Supernovae, während andere zu Schwarzen Löchern oder Neutronensternen werden können.

Sterne spielen auch in unserer Existenz eine wichtige Rolle, da sie für das Licht verantwortlich sind, das wir tagsüber sehen, für die Erwärmung unseres Planeten und für die Bereitstellung lebenswichtiger Elemente wie Kohlenstoff und Sauerstoff.

Es bleibt jedoch noch viel über die Sterne und das Universum, in dem wir leben, zu entdecken. Mit fortschreitender Wissenschaft ermöglichen uns neue Technologien und Forschungsmethoden, Sterne zu untersuchen und ihren Ursprung, ihre Entwicklung und ihre Rolle im Kosmos besser zu verstehen.

Kurz gesagt, dieses Buch hat uns die Größe und Komplexität der Sterne im Universum gezeigt und wie wesentlich sie für unser Verständnis des Kosmos und unserer Existenz sind.

BIBLIOGRAPHISCHE VERWEISE

Anglada-Escude, Guillem; et al. (August 2016). "Ein Kandidat für einen terrestrischen Planeten in einer gemäßigten Umlaufbahn um Proxima Centauri". Natur. 536 (7617): 437-440. Startnummer: 2016Natur.536..437A. doi:10.1038/natur19106

Bäcker, J.; Bizarro, M.; Wittig, N.; Connelly, J.; Hack, H. (2005). "Frühe planetesimale Verschmelzung ab einem Alter von 4,5662 Gyr für differenzierte Meteoriten". Natur. 436: 1127–1131. doi:10.1038/natur03882

Barcelona, C.; Liberati, S.; Sonego, S.; Visser, M. (2008). "Schicksal des Gravitationskollaps in der halbklassischen Schwerkraft". Körperliche Überprüfung D 77:044032. doi:10.1103/PhysRevD.77.044032. (auf Englisch)

Bessa Soares (9. Februar 2011). Die Sonne ist eine perfekte Kugel. Mehr Technik. Zugriff am 30. Juni 2021

Bonano, A.; Schlattl, H.; Paterno, L. (2008). "Das Alter der Sonne und die relativistischen Korrekturen im EOS". Astronomie und Astrophysik. 390: 1115–1118. doi:10.1051/0004-6361:20020749

Camenzind, Max (24. Februar 2007). Kompakte Objekte in der Astrophysik: Weiße Zwerge, Neutronensterne und Schwarze Löcher Springer Science & Business Media. S. 269. ISBN 978-3-540-49912-1

Dearborn, David SP (2016). "Evolutionäre Hinweise für Beteigeuze". Das Astrophysikalische Journal. 819. 7 Seiten. Startnummer: 2016ApJ...819....7D. arXiv:1406.3143v2. doi:10.3847/0004-637X/819/1/7

DeWarf, LE; Datin, KM; Guinan, EF (Oktober 2010). "Röntgen-,

FUV- und UV-Beobachtungen von α Centauri B: Bestimmung des langfristigen magnetischen Aktivitätszyklus und der Rotationsperiode". Das Astrophysikalische Journal. 722(1): 343-357. Bib-Code:2010ApJ...722..343D. doi:10.1088/0004-637X/722/1/343

Dolan, Michelle M.; Mathews, Grant J.; Lam, Doan Duc; Lan, NguyenQuynh; Herczeg, Gregory J.; dos Anjos, Sandra. Entwicklung von Sternen in Doppelsystemen (PDF) . Institut für Astronomie, Geophysik und Atmosphärenwissenschaften: Universität São Paulo.

Edward F.Guinan; Richard J. Wasatonic; Thomas J. Calderwood (8. Dezember 2019). "ATel # 13341: Die Ohnmacht des nahen roten Überriesen Beteigeuze". Das Telegramm des Astronomen. Konsultiert am 11. Januar 2023

ESO: Bisher höchstaufgelöstes Bild von Eta Carinae inkl. Bilder und Animationen
Die Studie zeigt, dass die Sonne die perfekteste Kugel in der Natur ist. www.apolo11.com. Zugriff am 30. Juni 2021

G. Wallerstein; I. Iben Sohn; P.Parker; AM Boesgaard; GM Hale; Champagner AE; , CABarnes; F. KM-Doppler; V. V. Smith; RD Hoffmann; Spezialeffekte
Mal; C. Sneden; RN Boyd; BS Meyer; DL Lambert (1999).

Siehe GCVS=Eta+Auto». General Catalogue of Variable Stars @ Sternberg Astronomical Institute, Moskau, Russland. Konsultiert am 12. November 2022

Glendenning, Norman K. (2012). Compact Stars: Nuclear Physics, Particle Physics, and General Relativity Illustrated Ed. [SL]: Springer Wissenschafts- und Wirtschaftsmedien. S. 1. ISBN 978-1-4684-0491-3 Seitenauszug

Godier, S.; Rozelot, J.-P. (2000). Solare Abflachung und ihre Beziehung zur Struktur der Tacocline und des solaren

Untergrunds (PDF). Astronomie und Astrophysik. 355: 365–374. Startnummer: 2000A&A...355..365G

Hänsel, Pawel; Potechin, Alexander Y.; Jakowlew, Dmitry G. (2007). Neutronensterne. [SL]: Springer. ISBN 0-387-33543-9

Schinken, WT Jr.; Müller, HA; Ruffolo, JJ Jr.; Guerry, D.III, (1980). «Solare Retinopathie als Funktion der Wellenlänge: Ihre Bedeutung für den Schutz

Glasses". In: Williams, TP; Baker, BN Die Auswirkungen konstanten Lichts auf visuelle Prozesse. [Sl]: Full Press. Seiten. 319–346. ISBN: 0306403285

Harper, GM; et al. (Juli 2017). "Eine aktualisierte astrometrische Lösung von 2017 für Beteigeuze". Das Astronomische Journal. 154 (1): Artikel 11, 6 S. Bib-Code: 2017AJ....154...11H. doi:10.3847/1538-3881/aa6ff9

Hellerbrock, Raphael. «Was ist ein Neutronenstern?. Brasilien Schule. Was ist Physik?. Omnia-Netzwerk. Abgerufen am 21. Dezember 2022

Hitchcock, R. Timothy; Patterson, Patterson (1995). Hochfrequente elektromagnetische Energien und ELF: Ein Handbuch für medizinisches Fachpersonal. [DE]: John Wiley und Söhne. S. 218. ISBN: 9780471284543

Howard RA; Mose JD; Socker DG; Der KP; Koch JW (2002). "Sonne-Erde-Verbindung Koronare und Heliosphärenforschung (SECCHI)". Sonnenvariabilität und Sonnenphysik-Missionen Fortschritte in der Weltraumforschung. 29(12): 2017–2026

Keenan, Philip C.; McNeil, Raymond C. (Oktober 1989). "Der Perkins-Katalog der überarbeiteten MK-Typen für die coolsten Stars". Astrophysical Journal Supplement Series. 71:245-266. Bib-Code: 1989ApJS...71..245K. doi:10.1086/191373

Kervella, P.; Mignard, F.; Merand, A.; Thévenin, F. (Oktober 2016).

"Enge stellare Konjunktionen von α Centauri A und B bis 2050. Ein Stern mK = 7,8 könnte 2028 in den Einstein-Ring von α Cen A eintreten." Astronomie und Astrophysik. 594: A107, 15.

Kiziltan, Bülent (2011). Grundlagen neu bewertet: über Entwicklung, Alter und Masse von Neutronensternen. [Sl]: Universelle Leitartikel. ISBN 1-61233-765-1

Lodders, K. (2003). "Fülle des Sonnensystems und Kondensationstemperaturen der Elemente". Astrophysikalische Zeitschrift. 591 (2): 1220. doi: 10.1086/375492

Miglio, A.; Montalbán, J. (Oktober 2005). „Beschränkung fundamentaler Sternparameter durch Seismologie. Bewerbung bei α Centauri AB". Astronomie und Astrophysik. 441(2):615629. Startnummer: 2005A&A...441..615M. doi:10.1051/0004-6361:20052988

Montagen, M.; Kervella, P.; Perrin, G.; Chiavasa, A.; Le Bouquin, J.-B.; Auriere, M.; Lopez Ariste, A.; Matthias, P.; Ridgway, ST; Lacour, S.; Haubois, X.; Berger, J.-P. (2016). "Die nahe zirkumstellare Umgebung von Beteigeuze. IV.

VLTI/PIONIER interferometrische Überwachung der Photosphäre". Astronomie und Astrophysik. 588:A130. Startnummer: 2016A&A...588A.130M. arXiv:1602.05108. doi:10.1051/0004-6361/201527028

NASA-Satelliten erfassen den Beginn eines neuen Sonnenzyklus. PhysOrg (Neuigkeiten aus Wissenschaft/Physik). 4. Januar 2008. Zugriff am 10. Juli 2022.
TOPF. «Die RXTE-Röntgenlichtkurve von Eta Carinae

O'Gorman, E.; et al. (August 2015). "Zeitliche Entwicklung der Größe und Temperatur der erweiterten Atmosphäre von Beteigeuze". Astronomie und Astrophysik. 580: A101, 11 S. Bib-Code: 2015A&A...580A.101O. doi:10.1051/0004-6361/201526136

Orel, Thierry (August 2018). "Überprüfung der chemischen Zusammensetzung von α Centauri AB". Astronomie und Astrophysik. 615: A172, 22.

Paardekooper, S.-J.; Leinhardt, ZM (März 2010). "Planetensimale Kollisionen in Binärsystemen". Monatliche Mitteilungen der Royal Astronomical Society: Briefe. 403(1): L64-L68.

Phillips, 1995, S. 78–79 Pesquisa Fapesp Magazine (8. März 2012). «Forschungsmagazin Fapesp: Eta carinae, Beyond the Eclipse Robrade, J.; Schmitt, JHMM; Favata, F. (Oktober 2005). "Röntgenstrahlen von α Centauri - Das Dimmen des Sonnenzwillings". Astronomie und Astrophysik. 442(1): 315-321. Startnummer: 2005A&A...442..315R. doi:10.1051/0004-6361:20053314

Samus, NN; Kazarovets, EV; Durlevich, OV; Kireeva, NN; Pastukhova, IN (Januar 2009). "ViziR Online-Datenkatalog: Allgemeiner Katalog der variablen Sterne (Samus+, 2007-2017)". VizieR Online-Datenkatalog: B/gcvs. Lätzchencode: 2009yCat....102025S

Schütz, Bernard F. (2003). Schwerkraft von Null. [SL]: Cambridge University Press. Seiten. 98–99. ISBN 9780521455060

Seidelmann; et al. (2000). Report of the IAU/IAG Working Group on Cartographic Coordinates and Elements of Rotation of Planets and Satellites: 2000». Abgerufen am 22. März 2006

Ergebnis der Grundabfrage SIMBAD». SIMBAD. Konsultiert am 9. Januar 2023
Sol. Wörterbuch von Aulete. Abgerufen am 14. April 2010. Archiviert vom Original am 6. Juli 2022.

Die Vitalstatistik der Sonne. Stanford Solarzentrum. Abgerufen am 29. Juli 2008 unter Berufung auf Eddy, J. (1979). Eine neue Sonne: Solarergebnisse von Skylab. [DE]: NASA. S. 37. NASASP-402

Visser, Matt; Barcelona, Carlos; Liberati, Stefano; Sonego,

Sebastiano (2009) "Klein, dunkel und schwer: Aber ist es ein schwarzes Loch?", Bibcode: 2009arXiv0902.0346V

Woolfson, M. (2000). "Der Ursprung und die Entwicklung des Sonnensystems". Astronomie und Geophysik. 41. 1.12 Seiten. doi:10.1046/j.1468-4004.2000.00012.x
Zeilik, MA; Gregorio, SA (1998). Einführung in die Astronomie und Astrophysik 4. [Sl]: Saunders College Publishing. S. 322. ISBN 0030062284

Zhang, Bing; Xu, RX; Qiao, GJ (2000). "Natur und Pflege: ein Modell für weiche Gammastrahlen-Repeater". Das Astrophysikalische Journal. 545(2): 127–129. Startnummer: 2000ApJ...545L.127Z. arXiv:astro-ph/0010225. doi:10.1086/317889. Konsultiert am 22. September 2021

Zhao, Lilie; Fischer, Debra A.; Brauer, John; Giguere, Matt; Rojas-Ayala, Barbara (Januar 2018). "Erkennbarkeit von Planeten im Alpha Centauri-System". Das Astronomische Journal. 155 (1): Artikel 24, 12.

---

[1]   InAstronomie, Perihel (oder Perihel), das von Peri (um, in der Nähe) und Helium (Sonne) kommt, ist der Punkt vonOrbiteines Körpers, entwederPlanet,Zwergplanet,AsteroidentwederDrachen, was näher liegtSonne. Wenn sich ein Körper im Perihel befindet, hat er die größtenGeschwindigkeitInÜbersetzungseiner gesamten Umlaufbahn. Wenn der fragliche Körper irgendein anderes Himmelsobjekt als die Sonne umkreist, wird der generische Name verwendet.Peristromum diesen Punkt zu identifizieren.

[2]Aphelist der Punkt vonOrbitin welchemPlanetoder einskleiner Körper des Sonnensystemsist weiter wegSonne. Wenn es sich um ein Objekt handelt, das einen anderen Stern als die Sonne umkreist, wird dieser Punkt genanntApostroph. Die Umlaufbahnen aller Planeten sind immerelliptisch, immer einen entfernteren Punkt (Aphelion) und einen näheren Punkt (Perihel).

[3]EinheitBezogen aufInternationales Einheitensystem(JA) für Größethermodynamische Temperatur. Das Kelvin ist der Bruchteil 1/273,16 der thermodynamischen Temperatur desdreifacher Punktvon demWasser, das heißt, es ist so definiert, dass der Tripelpunkt von Wasser genau 273,16 K beträgt
[4]   Technik zur Schätzung des Alters von Objekten und Ereignissen.Astrophysiker. Diese Technik nutzt die Fülle

radioaktiver Kerne, wie zUranIstThorium, ähnlich wie bei der VerwendungKohlenstoff-14InKohlenstoffdatierung.

[5] Bestimmung des Alters eines Objekts aus Substanzen.radioaktivdarin enthalten und die Produkte derradioaktiver Zerfall

[6] In der Astronomie wird die Sternparallaxe verwendet, um die Entfernung zu Sternen anhand der Bewegung der Erde in ihrer Umlaufbahn zu messen. Es ist der Winkel, der von den Strahlen gebildet wird, die vom Mittelpunkt eines Sterns ausgehen und einen im Mittelpunkt der Erde und einen anderen am Punkt haben, an dem sich der Beobachter befindet.

[7] Nukleosynthese ist der Prozess der Erzeugung neuer Atomkerne aus bereits vorhandenen Kernen, um den Rest der Elemente des Periodensystems zu erzeugen.

[8] Diese Strahlung wurde aus theoretischen Überlegungen der beiden vorhergesagtAllgemeine Relativitätstheoriewie viel vonKlassische Thermodynamik. Die ursprüngliche Argumentationslinie stammt von einem israelischen Wissenschaftler namensJakob Bekenstein, der vorgeschlagen hatte, dass Schwarze Löcher eine haben könntenEntropiegut definiert, was wiederum darauf hindeuten würde, dass sie auch a habenTemperaturgleich gut definiert. Angesichts dieser Vorhersage wird Hawking-Strahlung manchmal als Bekestein-Hawking-Strahlung bezeichnet.

ÜBER DEN AUTOR

José Ruiz Watzeck

Journalistin, Schriftstellerin, Autorin, Geografin, Mathematikerin, Professorin, Neuropsychopädin, Spezialistin für Hochschullehre, Postgraduierte in Audit, Management und Umweltlizenzen, Postgraduierte in Geoprocessing und Georeferenzierung, Pädagogin.

BÜCHER VON DIESEM AUTOR

Die Geschichte Der Astronomie: Von Der Vorgeschichte Bis Ins 20. Jahrhundert

Die Astronomie ist die älteste der Wissenschaften. Archäologische Funde haben Beweise für astronomische Beobachtungen bei prähistorischen Völkern geliefert. Seit der Antike wird der Himmel als Karte, Kalender und Uhr verwendet. Die ältesten astronomischen Aufzeichnungen stammen aus der Zeit um 3000 v. Chr. und stammen von den Chinesen, Babyloniern, Assyrern und Ägyptern. Zu dieser Zeit wurden die Sterne für praktische Zwecke untersucht, wie z. B. das Messen des Zeitablaufs (Kalender), das Vorhersagen der besten Zeit zum Pflanzen und Ernten, oder für Zwecke, die mehr mit der Astrologie zu tun haben, wie z. B. Vorhersagen über die Zukunft, wer glaubte dass die Himmelsgötter die Macht der Ernte, des Regens und sogar des Lebens hatten.

Durch das Studium megalithischer Stätten wie denen in Callanish in Schottland, dem Stonehenge-Kreis in England, die zwischen 2500 und 1700 v. Chr. Datieren. C. und die Ausrichtungen von Carnac in der Bretagne sind Astronomen und Archäologen zu dem Schluss gekommen, dass die Ausrichtungen und Kreise als Orientierungspunkte dienten, die auf Referenzen hinweisen. und wichtige Punkte am Horizont, wie die extremen Positionen des Auf- und Untergangs von Sonne und Mond, das ganze Jahr über.

Ein Lebender Organismus Namens Erde: Die Geophysik Des Planeten

Natürliche und verborgene Phänomene, die unseren Planeten verwüsten, ermöglichen es uns jetzt dank der fortschrittlichsten Technologien, sie auf beispiellose Weise zu untersuchen, Satelliten scannen den gesamten Planeten und enthüllen eine enorme Fülle von Details. Noch nie in der Geschichte der Menschheit hatten wir einen Bericht über diesen Planeten, einen lebendigen und dynamischen Organismus mit höchst relevanten Eigenschaften. In dieser Arbeit werden wir wissen, wie der ganze Planet miteinander verbunden ist, wie alles eng miteinander verbunden ist, von einem Punkt zum anderen des Globus, durch Technologie, wir werden in die Ozeane eintauchen und gemeinsam werden wir verstehen, was die Sahara-Wüste ist stört den Amazonas, was die riesigen Eisplattformen in der Antarktis zur Aufrechterhaltung eines harmonischen Klimas der Meerestemperaturen beitragen, weil das natürlich erzeugte Feuer zur Erneuerung der unterschiedlichsten Arten von Leben auf der Erde beiträgt, wie und warum sie in der Morgendämmerung entstehen, wie die globale Cline wirklich funktioniert, bei der die Meeresströmungen in die Wärmeverteilung auf die Hemisphären eingreifen. Lassen Sie uns verstehen, warum eine der Schichten der Erde, die als Ionosphäre bekannt ist und aus Wasserstoff und Helium besteht, als elektrischer Leiter fungiert und die gesamte Blitzladung in der Atmosphäre des gesamten Planeten verteilt. Die chemischen Reaktionen der Wolken und was die elektrischen Entladungen mit der Bildung von Nitrat zu tun haben. Diese Satelliten zeigen uns die von unserem Stern emittierte Energie, die ultraviolette Strahlung, Bruchstücke von Protonen, Elektronen und Neutronen, die vom Weltraum verworfen wurden, elektromagnetische Impulse und den Ausstoß von koronaler Masse.